びっくり昆虫大図鑑

監修 須田研司

高橋書店

もくじ

なにこれ

すごい

なぜ

かしこい

こわい

びっくり！ 昆虫㊙ファイル

編集／佐藤暁（ネイチャー＆サイエンス）
執筆協力／三笠暁子・水野昌彦
ブックデザイン／辻中浩一・吉田帆波（ウフ）
校正／新山耕作

この本の使い方

世界中から集めた、おもしろいすがたや変わった生態をもつ昆虫を、はくりょくのある写真とわかりやすい文章でしょうかいしています。また、クモやムカデ、クマムシなど、昆虫以外の「虫」とよばれる生き物も、いっしょに登場させています。

特徴アイコン

昆虫を次の5つの特徴に分けてしょうかいしています。

なにこれ　すごい　なぜ　かしこい　こわい

なにこれ
Violin Beetle
バイオリンムシのなかま
コウチュウ目オサムシ科
なにこれ度 ★★★
体長が6～9㎝ほどもあるのに、体のあつみはたった5㎜! うすいから、せまいところにもかくれられる。
ぺっちゃんこ!
分布 インドネシア、マレーシア、タイ
別名 ウチワムシ

英名

英語でつけられた名前です。

分類

その昆虫の分類です。昆虫は体の特徴などから、なかまごとに「目」という大きなグループに分けられ、さらに「科→属→種」と細かく分類されています。

和名

日本語でつけられた名前です。

＊和名がない昆虫は「～の一種」や、学名や英名のカタカナ読みで表しています。

＊その昆虫のなかま全体についてしょうかいしている場合は「～のなかま」と表しています。

度数

★の数で、その昆虫のすごさやかしこさなどを表しています。数が多いほど、度合いが高いことを表しています。

こんな大きさ

昆虫の大きさを、本物とほぼ同じ大きさのかげで表しています。昆虫の大きさにはばがある場合は、標準的な大きさにしています。

まめちしき

人にじまんしたくなる、その昆虫のおもしろ情報をしょうかいしています。

データ

その昆虫がすんでいる地域や環境、食べ物などの基本的な情報をしょうかいしています。

学名

ラテン語でつけられた世界共通の名前です。ひとつの種につき、ひとつの学名がつけられています。

なにこれ
見た目がおもしろかったり
かわいかったり
ヘンだったりする昆虫大集合!

Bee Fly

トラツリアブ

ハエ目ツリアブ科 | *Anastoechus nitidulus*

なにこれ度 ★★★★★

丸い体と、もこもこした毛は
まるでぬいぐるみのよう。
草花のあいだを飛び回り、
花のみつをすってくらしている。

分布 ユーラシア大陸、日本（中国地方の一部）
生息環境 草地や湿地
とくぎ ホバリング
英名の意味 ハチににたアブ

まめちしき ツリアブのなかまは、はばたきながら空中でとまるホバリング飛行ができる。つり下げられているように見えることから、この名前がついた。

オスは目がくっつい➔
ていて、サングラス
をかけているように
見える

空飛ぶぬいぐるみ!?

かわいいのもラクじゃない

トラツリアブは絶滅が心配されている。土地の開発により生息地がへったことや、かわいいすがたを見に、たくさんの人が生息地をおとずれたことも、数をへらした原因のひとつと考えられている。

まめちしき

アブのなかまの食べ物は、花のみつや花粉、昆虫、動物など、種によってさまざま。人をさすのは、トラツリアブとはちがい、動物の血をすうアブのなかまだ。

Long-winged Derbid Planthopper

アカハネナガウンカ

カメムシ目ハネナガウンカ科 | *Diostrombus politus*

なにこれ度 ★★★★

こんな大きさ

ひょうきんな顔とオレンジ色の体。にらめっこしているのかな?

黒目はニセモノ

昆虫の目は、たくさんの小さな目が集まってできた複眼とよばれるもの。白目に黒目があるように見えるが、複眼の一部が光のかげんで黒く見えているだけだ。

← 葉っぱのうら側に針のような口をさしてしるをすう

世界の分布 中国、朝鮮半島、台湾
日本の分布 本州～沖縄
生息環境 草地や湿地
見つけ方 8～10月にススキの近くをさがす

まめちしき 昼間は黒目があるように見えるが、夜になると目の全体が黒くなる。カマキリやトンボの目の中にある黒い点も、同じしくみ。

なにこれ

Wax-tail Hopper

クジャクハゴロモ

カメムシ目ビワハゴロモ科 | *Pterodictya reticularis*

病気のように見えるが、これがふつうのすがた。白い部分はとてももろく、さわるとかんたんにとれる。

なにこれ度 ★★★★★

こんな大きさ

何かはみ出ている⁉

理由はわからない

白い部分はロウだが、なぜこのようなすがたなのかはわかっていない。体の形をわかりにくくするためとか、おそわれたときに切りはなしてにげるためなど、いろいろな説がある。

分布 中米～南米
生息環境 森林
英名の意味 ロウの尾をもつはねる虫
産卵 卵をロウでおおう

まめちしき ロウとは、動物や植物の体の表面にある油がかたまったもの。体によごれや傷がつくのをふせぐためにあると考えられている。

Lantern Fly

ユカタンビワハゴロモ

カメムシ目ビワハゴロモ科 | *Fulgora laternaria*

なにこれ度 ★★★★

頭の中には白いあわがつまっている

目や口は、大きくふくらんだ頭のつけ根にある

大きくふくらんだ頭。てきをおどろかせるためという説もあるが、理由はわかっていない。

こんな大きさ

まめちしき

昔は頭がランタンのように光ると考えられていたが、実際には光らない。変わった頭の形から、ピーナッツのような虫や、ワニのような虫を意味する英名もついている。

かくしワザももっている

てきが近づくとパッと前ばねを広げ、大きな目玉もようでおどろかせる。

ワニ？ ヘビ？ ピーナッツ!?

分布	中米〜南米
生息環境	熱帯雨林
幼虫の姿	ふ化直後はアリににている
英名の意味	ちょうちんのような虫

まめちしき

セミに近いなかまで、ストローのような口を木にさしてしるをすう。ビワハゴロモ科には、はねに美しいもようがある種や、頭の先がてんぐの鼻のように長い種などもいる。

Ant-mimicking Treehopper

アリカツギツノゼミ

カメムシ目ツノゼミ科 | *Cyphonia clavata*

なにこれ度 ★★★★★

どうしてこうなった!?

こっちが頭➔

たくさんのコブとトゲがあるきみょうな昆虫。アリの形をまねして身を守っていると考えられている。

まめちしき　アリには毒針をもつものや、くさいにおいを出すものが多く、じつはきらわれている。アリの形をまねすることで、クモなどに食べられないようにしていると考えられている。

中はからっぽ

とがった角で
身を守っている？

カサホネツノゼミ

かれた植物？

マツツノゼミ

針をもつハチ？

ハチマガイツノゼミ

ふしぎな形大集合!

ツノゼミのなかまには、きみょうな形をした種が多い。何ににせたかわかる種もいるが、まったくわけのわからない種もいる。

透明で
昆虫のぬけがらのよう

ウツセミツノゼミ

どんな意味が
あるんだろう？

ヨツコブツノゼミ

おなかは葉っぱと同じ色をしていて目立たない

分布 中米～南米
生息環境 熱帯雨林
食べ物 植物のしる
英名の意味 アリをまねたツノゼミ

まめちしき ツノゼミは、おしりからあまいしるを出し、それをアリがなめにくる。アリはいつもツノゼミのそばにいて、クモやほかの昆虫から守ってくれる。

Mantis Fly

カマキリモドキのなかま

アミメカゲロウ目カマキリモドキ科 | Mantispidae

なにこれ度 ★★★

え? カマキリじゃないの!?

首のように見えるけれど、むねの一部 ➔

こんな大きさ

大きなカマと三角形の顔はカマキリそっくりだが、じつはちがうグループの昆虫。黄色と茶色の体の色は、ハチににせているとも考えられている。

世界の分布 温帯～熱帯
日本の分布 北海道～九州
生息環境 森林
英名の意味 カマキリににた羽虫

まめちしき 成虫は小さな昆虫を食べるが、幼虫の多くはクモの卵のしるを食べて生きている。クモが卵を産むのを待つものもいて、クモのてきである。

なにこれ

Peacock Spider

ピーコックスパイダー

クモ目ハエトリグモ科 ｜ *Maratus volans*

このまくは、ふだんは腹部を包んでいる

まくといっしょにあしも上げる

なにこれ度 ★★★★★

クモ界のスーパースター！

オスは腹部に美しいもようのまくをもつ。メスを見つけるとまくを広げ、コミカルなダンスで気をひこうとする。

分布 オーストラリア
生息環境 森林
英名の意味 クジャクグモ
メスの色 全身うす茶色

まめちしき　オスは美しいまくを広げ長時間おどりながらメスに求愛するが、気に入ってもらえないときは、メスに食べられてしまう。

なにこれ

Devil's Flower Mantis

ニセハナマオウカマキリ

カマキリ目ヨウカイカマキリ科 | *Idolomantis diabolica*

なにこれ度 ★★★★

妖怪？
悪魔？
宇宙人!?
はねとあしをこすり合わせてギーギーと音を出して威嚇する
こんな大きさ

どハデなカマをふりかざすポーズは、まさに魔王。ふだんはもようをかくしていて、てきが近づくとパッと広げていかくする。

分布 東アフリカ
生息環境 草原
英名の意味 悪魔のようなハナカマキリ
産卵数 1つの卵のうに10～70こ

まめちしき 体が白色と緑色なので、カマをたたむと植物にまぎれる。生まれてすぐの幼虫は黒く、アリににている。見かけによらず、カマの力が弱いので、力の弱いチョウなどの昆虫をねらう。

なにこれ

Mustache Jumping Spider

ヒゲノサエズリハエトリ

クモ目ハエトリグモ科 | *Phidippus mystaceus*

ヒゲオヤジ!?

頭のわきと後ろにも目がある

なにこれ度 ★★★

こんな大きさ

口ヒゲを生やしたオジサンのように見えるクモ。クモには目が8つあり、360度がほぼすべて見えている。

分布 北米
生息環境 森林など
英名の意味 口ヒゲのハエトリグモ
食べ物 小さい昆虫やクモ

まめちしき

昼間に歩き回り、えものをさがす。えものにとびかかるときは、必ず糸で体をどこかにつないでからとぶ。もしねらいがはずれても、下に落ちることなく元の場所にもどるためだ。

Violin Beetle

バイオリンムシのなかま

コウチュウ目オサムシ科 | *Mormolyce* sp.

なにこれ度 ★★★

体長が 6 ～ 9㎝ほどもあるのに、体のあつみはたった 5㎜! うすいから、せまいところにもかくれられる。

ぺっちゃんこ!

うすい前ばねの下にある後ろばねを広げて飛ぶ

分布 インドネシア、マレーシア、タイ
生息環境 熱帯雨林
食べ物 小さい昆虫
別名 ウチワムシ

まめちしき きけんを感じると、おしりからくさいにおいのしるを飛ばして、てきを追いはらう。しるが目に入ると、しばらく目が開けられなくなることも。

Rainbow Stag Beetle

ニジイロクワガタ

コウチュウ目クワガタムシ科 | *Phalacrognathus muelleri*

ピッカピカ！

世界一美しい
といわれるクワガタ。
ピカピカの体には、
周りの色が
うつりこむ。
風景にとけこむので、
ジャングルの中では
意外と目立たない。

おなか側もピカピカにかがやいている

なにこれ度 ★★★★

こんな大きさ

分布 オーストラリア、ニューギニア島
生息環境 熱帯雨林
寿命 成虫で1～2年と長い
英名の意味 にじ色のクワガタムシ

まめちしき 日本では観賞用として売られているが、オーストラリアの野生のものはとてもめずらしく、すんでいる場所は大切に守られている。

キラキラ！ かがやく昆虫たち

ジンガサハムシの一種

エクアドルにすむ甲虫。てきがくると背中のかさの下にかくれ、すきまから外の様子をうかがう。

オオセイボウ

日本各地にすむハチの一種。きけんを感じるとネコのように丸くなる。

タマムシ

日本を代表する美しい甲虫。きれいな上ばねは工芸品やアクセサリーにも使われる。

金属や宝石のようにかがやく、美しい昆虫たち。キミのお気に入りはどれかな？

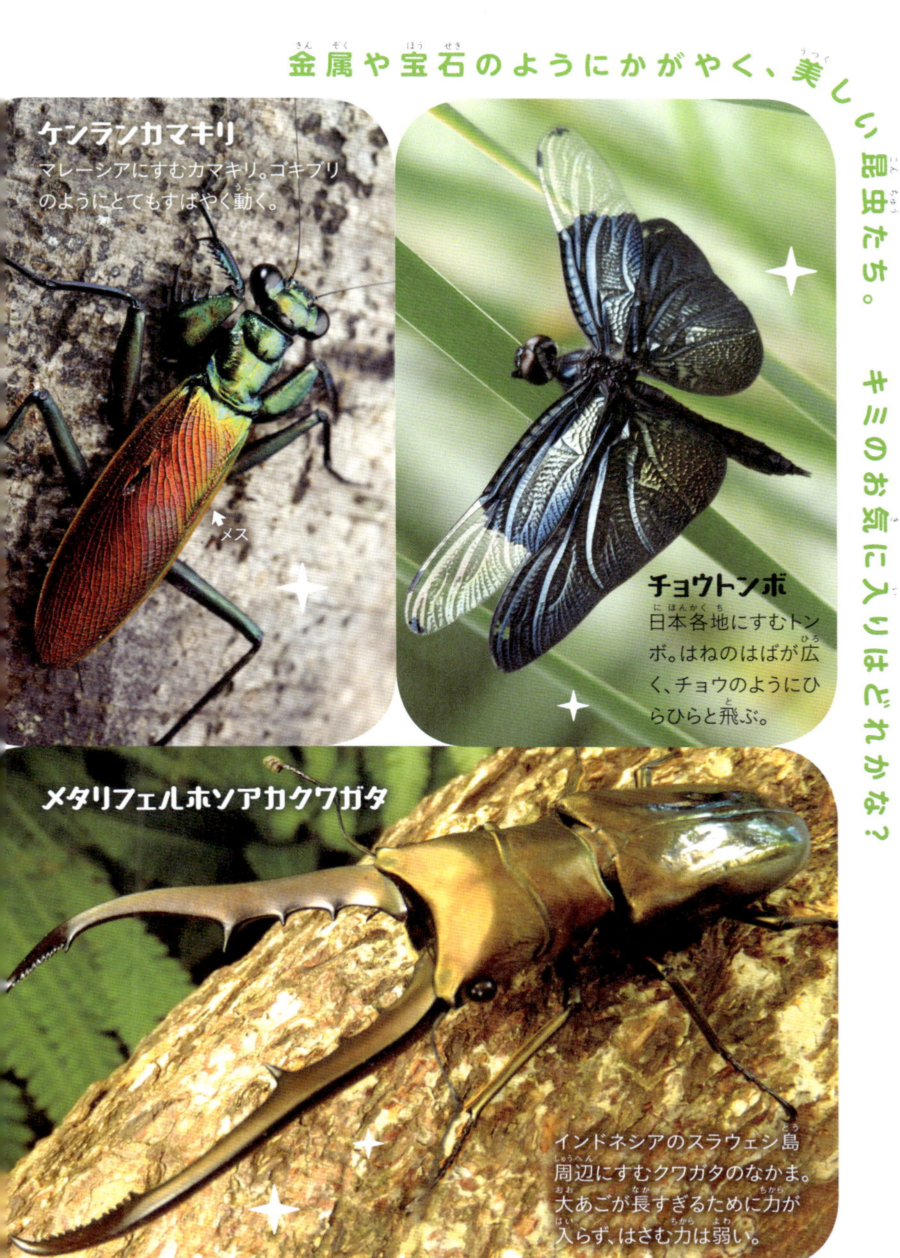

ケンランカマキリ
マレーシアにすむカマキリ。ゴキブリのようにとてもすばやく動く。

チョウトンボ
日本各地にすむトンボ。はねのはばが広く、チョウのようにひらひらと飛ぶ。

メタリフェルホソアカクワガタ
インドネシアのスラウェシ島周辺にすむクワガタのなかま。大あごが長すぎるために力が入らず、はさむ力は弱い。

なに これ

Pill Scarab Beetle

マンマルコガネのなかま

コウチュウ目マンマルコガネ科 | Ceratocanthidae

あしなどの飛び出している部分を、完全にしまいこむ。これなら、どこからこうげきされてもだいじょうぶだ。

こんな大きさ

なにこれ度 ★★★★

世界の分布	熱帯〜亜熱帯
日本の分布	九州南部、南西諸島
生息環境	森林
英名の意味	球のような甲虫

アリから身を守るため？

マンマルコガネの多くは、シロアリの巣の中でシロアリのフンや木の根を食べてくらしている。丸くなるのは、シロアリを食べにくるアリから身を守るためと考えられている。

まめちしき

マンマルコガネのなかまは300種以上見つかっており、なかにはにじ色にかがやくメタリックな種類もいる。その多くがシロアリの巣で見つかっている。

なにこれ

Metallic Pill-roach

ヒメマルゴキブリ

ゴキブリ目マルゴキブリ科 | *Trichoblatta pygmaea*

ダンゴムシのように
かわいく丸まっているけれど、
じつはゴキブリのなかま。

なにこれ度 ★★★★

メスだけのワザ

キケンを感じるとくるんと丸まり、身を守る。丸くなれるのは、はねがないメスだけ。オスにははねがあり、ふつうのゴキブリの形をしている。

分布 台湾、日本（九州南部〜南西諸島）
生息環境 森林
育ち方 卵ではなく幼虫で生まれる
英名の意味 金属の球のようなゴキブリ

↑丸くなっていない、ふだんのすがた

まめちしき ほかにも沖縄の石垣島や西表島には、ダンゴムシににた「マルゴキブリ」という種がいる。こちらは体長2cmほどと、ヒメマルゴキブリの倍くらいあり、オスもメスも丸くなれない。

Stick Insect

ナナフシモドキ

ナナフシ目ナナフシ科 | *Baculum irregulariterdentatum*

なにこれ度 ★★★

エイリアン!?

えだにそっくり

ナナフシのなかまはえだににせて身を守っている。幼虫のときからえだにそっくりで、だっぴをくりかえして大きくなる。

ふしぎな形の卵から、
にょろにょろと出てきた
なぞの生物。じつはこれ、
ナナフシという昆虫の幼虫なのだ。

分布 日本(本州、四国、九州)
生息環境 平地~山地の森林
食べ物 エノキやサクラの葉
成虫の寿命 約2か月

まめちしき ナナフシモドキの別名は「ナナフシ」。モドキというと、ナナフシとは別の種のようだが、ナナフシモドキという名前の、ナナフシなのだ。

あしをちぎってにげる

成虫になってもはねはなく、飛べない。てきにあしをつかまれると、つけ根から切りはなしてにげる。あしがとれても、若い幼虫のときならだっぴのたびに新しく生えてくる。

↑ナナフシモドキの成虫

卵は植物のタネににている➡

まめちしき

ナナフシモドキはほとんどがメス。交尾をしなくても卵を産め、生まれてくるのもほとんどメスである。オスはこれまでに数匹しか見つかっていない。

なにこれ

Jungle Nymph

サカダチコノハナナフシ

ナナフシ目コノハムシ科 | *Heteropteryx dilatata*

なにこれ度 ★★★

おそわれそうになると、体をそらしてさか立ちし、トゲだらけの後ろあしをふり回す。そり返りすぎて、ひっくり返ることもあるそうだ。

えびぞり!

こんな大きさ

分布 東南アジア
生息環境 熱帯雨林
メスの体重 50～60g
卵の長さ 約9㎜

⬆体の節からシューシューという音を出して威嚇する

まめちしき さか立ちをしててきをおどすのは、はねが小さく、飛ぶことができないメスだけ。オスはメスより体がだいぶ小さく、飛ぶことができる。

なにこれ

Eighty-eight Butterfly

クリメナウラモジタテハ

チョウ目タテハチョウ科 | *Diaethria clymena*

なにこれ度★★★★

数字は８８だけではなく、８９や８０に見えるものもいる

こんな大きさ

はねのうら側のもようが、数字に見えることから、「ウラモジ」の名前がついた。はねの表側は黒色で、美しい青い線が入っている。

分布 中米～南米
生息環境 山地の森林
英名の意味 88のチョウ
食べ物 くさった果実など

まめちしき 集団で地面にとまり、しめった土をなめて、水分やミネラルをとる。人の体にとまってあせをすうこともある。

なにこれ

Comet Moth

マダガスカルオナガヤママユ

チョウ目ヤママユガ科 | *Argema mitrei*

なにこれ度★★★★

長くのびているのは
しっぽではなく、
尾状突起という
はねの一部。
長さ15cmと、
世界でいちばん
長い尾状突起だ。

長〜いしっぽ!?

目くらましのため？

突起が長くなったのは、てきに体の向きをわかりづらくするためと考えられている。それにしても、なぜここまで長くなったのかはわかっていない。

こんな大きさ

分布 マダガスカル島
生息環境 熱帯雨林
成虫の寿命 4〜5日
英名の意味 すい星のようなガ

まめちしき 尾状突起がここまで長いのはオスだけ。成虫はオスもメスも口がなく、何も食べない。4〜5日のあいだに交尾をし、120〜170この卵を産む。

なにこれ

Glass Wing Butterfly

スカシマダラのなかま

チョウ目タテハチョウ科 | *Pteronymia* sp.

こんな大きさ

なにこれ度 ★★★

はねがすけているので、
飛ぶと景色にとけこんで、
どこにいるかわからなくなる。
これはてきに
ねらわれにくくするためと
考えられている。

はねがスケスケ!?

透明のひみつは鱗粉

チョウやガのはねは、色がついた鱗粉という粉におおわれている。スカシマダラのはねには鱗粉がない部分が多いので、透明に見えるのだ。

分布 中米〜南米
生息環境 熱帯雨林
英名の意味 ガラスのはねをもつチョウ
別名 トンボマダラ

まめちしき

スカシマダラのなかまには、体に毒をもつものが多い。そのため、スカシマダラにすがたをにせて、てきにおそわれにくくしているチョウやガもいる。

なにこれ

Map Butterfly

アカマダラの卵

チョウ目タテハチョウ科 | *Araschnia levana*

なにこれ度★★

積み木のようにいくつも
積み上げられたチョウの卵。
透明な卵は、
幼虫が生まれたあとだ。

上から順にかえるのではなく、とちゅうにある卵が先にかえることもある

卵を産むメス

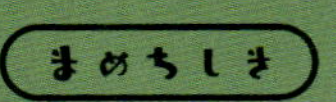

まめちしき

チョウのおしりには、もうひとつの目がある。物は見えないが明暗の差がわかり、産卵のときに、きちんと卵が産みつけられたかを確認するのに役立つ。

卵の積み木！

花ににせて卵を守る？

幼虫が食べるイラクサ類の葉に、卵を産む。積み上がった卵は、イラクサ類の花そっくり。花ににせることで、卵をてきに見つからないようにしているのだろうか。

分布	ユーラシア大陸北部、日本（北海道）
生息環境	平地〜低山の草地
産卵場所	エゾイラクサ、ホソバイラクサなど
英名の意味	地図のようなチョウ

まめちしき はねのもようが地図のように見える。はねの表がオレンジと黒のまだらもようの春型と、黒地に白い線のもようの夏型がいる。まったくちがうので昔は別種と思われていた。

Day-flying Moth

ナンベイニシキツバメガ

チョウ目ツバメガ科 | *Urania leilus*

なにこれ度 ★★★★

チョウのように美しい!

こんな大きさ

ガなのに、チョウのように美しいはねをもつものがいる。なかでも美しいとされるのが、このナンベイニシキツバメガだ。

まめちしき　日の出から飛び始め、日没まで活動する。樹林の高いところを高速で飛ぶ。日当たりのよい川岸に数十匹で集まってはねを広げていることもある。

↑顕微鏡で見た鱗粉

かがやきのひみつは鱗粉

かわらのようにならんだはねの鱗粉には、うすいまくが何まいも重なっている。そこを通った光が、曲がったりはねかえったりすることで、青や緑に光って見える。

分布 南米
生息環境 熱帯雨林
英名の意味 昼に飛ぶガ
習性 おしっこに集まる

まめちしき 鱗粉は色を変えたり、雨をはじいたりするだけではない。
チョウやガは、はねの先にある鱗粉で風の強さを感じ、飛び方を変えることができる。

Many Plumed Moth

ニジュウシトリバガのなかま

チョウ目ニジュウシトリバガ科 ｜ *Alucita* sp.

なにこれ度★★★

多くのガのように4まいのはねをもっているが、このガのはねは全部で24本にえだ分かれしているのだ。

クジャクみたい!

前ばねが8本、後ろばねが4本にえだ分かれしている

分布 世界の温帯～亜熱帯
生息環境 平地～山地の林
幼虫の食べ物 花や葉
英名の意味 たくさんの鳥の羽のようなガ

まめちしき ニジュウシトリバガのなかまは世界で約200種、日本では3種確認されている。24本の鳥の羽という意味で、この名前がついた。

Puss Caterpillar

フランネルモスの幼虫

チョウ目メガロピギア科 ｜ Megalopygidae

こんな大きさ

なにこれ度★★★★★

毛むくじゃらで
かわいく見える
ガの幼虫。
毛には毒があり、
さされると
はげしいいたみで
長時間苦しむことも
ある。

分布 北米～南米、アフリカ
生息環境 森林など
成虫のすがた 毛むくじゃら
英名の意味 子ネコのようないもむし

まめちしき 幼虫はフンを遠くへ飛ばす。これは食べ物である葉っぱをよごさないためと、フンのにおいにつられて、てきが集まってこないようにするためと考えられている。

Io Moth

イオメダマヤママユ

チョウ目ヤママユガ科 | *Automeris io*

なにこれ度★★★

こっちが頭➔

こんな大きさ

イオメダマヤママユの幼虫は、
生まれたときから体じゅうが
トゲだらけ。
毒があるトゲで体をおおい、
食べられないように身を守っている。

分布 北米
生息環境 森林など
成虫の寿命 1〜2週間
英名の意味 わ! ガだ!

まめちしき 生まれたばかりの幼虫はオレンジ色で、だっぴをするたびに黄色くなっていく。そして、蛹になる前の幼虫は、写真のような緑色になる。

大きな目玉でおどろかす

成虫の前ばねは、かれ葉ににていて、森の中でじっとしていると目立たない。しかし、てきにおそわれそうになると、大きな目玉もようをバッと見せて、てきをおどろかす。

↓メスの成虫

↑前ばねを広げると目玉もようがあらわれる

トゲてんこもり!

まめちしき

成虫ははねを広げると6～8cmほどで、メスのほうがやや大きい。成虫には口がなく、何も食べない。交尾、産卵をして一生を終える。

なんじゃこりゃ!?

へんてこいもむし

イボタガの一種

朝鮮半島、中国、ロシア南東部にすむ。毒々しい色や形をしているが、毒はもっていない。角があるのは小さいときだけで、成長するととれてなくなる。

ヘラクレスサン

ニューギニア、オーストラリア北部にすむ。トゲはやわらかい。はねを広げると27㎝もある世界最大級のガに成長する。

気持ち悪い？　かわいい？　かっこいい？

はでな色や変わった形のいもむしには、毒があるものも多い。

イラガの一種

目立つ見た目は、毒があることを周りに知らせているとも考えられる。ガーナ（アフリカ）でさつえい。

イラガの一種

体が平たいので、葉の上にいると目立たない。ボルネオ島（マレーシア）でさつえい。

マイマイガ

北半球で広く見られ、10年おきに大量に発生する。若い幼虫は、自分がはいた糸にぶら下がり、風にのって移動するので、ブランコ毛虫ともよばれる。

なにこれ

Horned Spider

オオナガトゲグモ

クモ目コガネグモ科 | *Gasteracantha arcuata*

なにこれ度★★★★

こんな大きさ

長すぎない!?

メタリックブルーにかがやくトゲ

世界に約70種いるトゲグモのなかま。どの種も体にトゲをもつが、オオナガトゲグモのトゲは、そのなかでもダントツに長い。

分布 インド、スリランカ、東南アジア
生息環境 熱帯雨林
英名の意味 角のあるクモ
あみのはり方 地面と平行に丸いあみをはる

まめちしき かたくてとがったトゲは鳥などのてきから身を守るためにあると考えられているが、長くて重たいためか、巣にいるときはよくトゲを下にしてぶら下がっている。

すごい
おどろきの能力や
とくぎをもつ昆虫大集合！

すごい

Harlequin Beetle

テナガカミキリ

コウチュウ目カミキリムシ科 | *Acrocinus longimanus*

すごい度 ★★★★

じゃまじゃないの？

体とくらべて、
前あしが
とてつもなく長い。
メスを守って
ほかのオスと
戦うときや、
卵を産む場所を
守るときに
役立っているという。

まめちしき

南米の先住民は、衣類のデザインなどに、
テナガカミキリの背中のもようを参考にしているという。

カニムシとなかよし

テナガカミキリの体には、よくカニムシがくっついている。はねがないカニムシは、ほかのメスに出会うために、テナガカミキリの体にしがみついて、別の木に移動している。

⬆テナガカミキリの背中にしがみつくカニムシ

こんな大きさ

⬆コスタリカの熱帯雨林でくらすテナガカミキリのオス（ほぼ実物大）

分布 メキシコ南部〜南米
生息環境 森林
前あしの長さ 約15cm（オス）
英名の意味 ピエロの服のような甲虫

まめちしき カニムシは、すがたがサソリやカニににたクモに近いなかま。森林内の落ち葉や樹皮の下、石の下などにいるが、家の中で見られることもある。

すごい

カタゾウムシのなかま

コウチュウ目ゾウムシ科 | *Pachyrrhynchus* sp.

すごい度 ★★★

こんな大きさ

とにかくかたい！

かたさを手に入れたかわりに、左右のはねがくっついて飛べなくなった

世界の分布 フィリピン、インドネシア、台湾
日本の分布 八重山諸島
生息環境 森林
もよう 色のバリエーションが多い

鳥が食べにくいほど体がかたい。そのことを鳥におぼえてもらうために、はでで目立つ色をした種がたくさんいる。

まめちしき 台湾の部族が、指でつぶせるか力くらべをした、という話が残っているほどかたい。標本にしようにも、かたすぎて針が曲がってしまう。

コアオハナムグリ

コウチュウ目コガネムシ科 | *Oxycetonia jucunda*

こんな大きさ

ハナムグリは、前ばねをほとんど開かずに飛べる。
そのため、ふつうの甲虫よりも速く飛んだり、なめらかにターンしたりできるのだ。

すごい度 ★★★

前ばねにくぼみがあり、そのすき間から後ろばねを出して飛ぶ

ターン名人！

←多くの甲虫は前ばねを大きく開いて飛ぶ

分布 東アジア、日本（北海道〜南西諸島）
生息環境 草地など
成虫の食べ物 花粉やみつ
和名の由来 花にもぐることから

まめちしき 前ばねを大きく開いて飛ぶと、空気のえいきょうを受けやすい。そのため多くの甲虫は、ゆっくりとしか飛べず、向きを変えるのにも苦労している。

すごい

Silky Ant

クロヤマアリ

こんな大きさ

ハチ目アリ科 | *Formica japonica*

すごい度 ★★★

力持ちのクロヤマアリは、自分の体重の 20 倍ほどの重さのものでも運んでしまう。大きな虫の死がいもみんなで巣まで運び、引きずりこむ。

びっくりするほど力持ち!

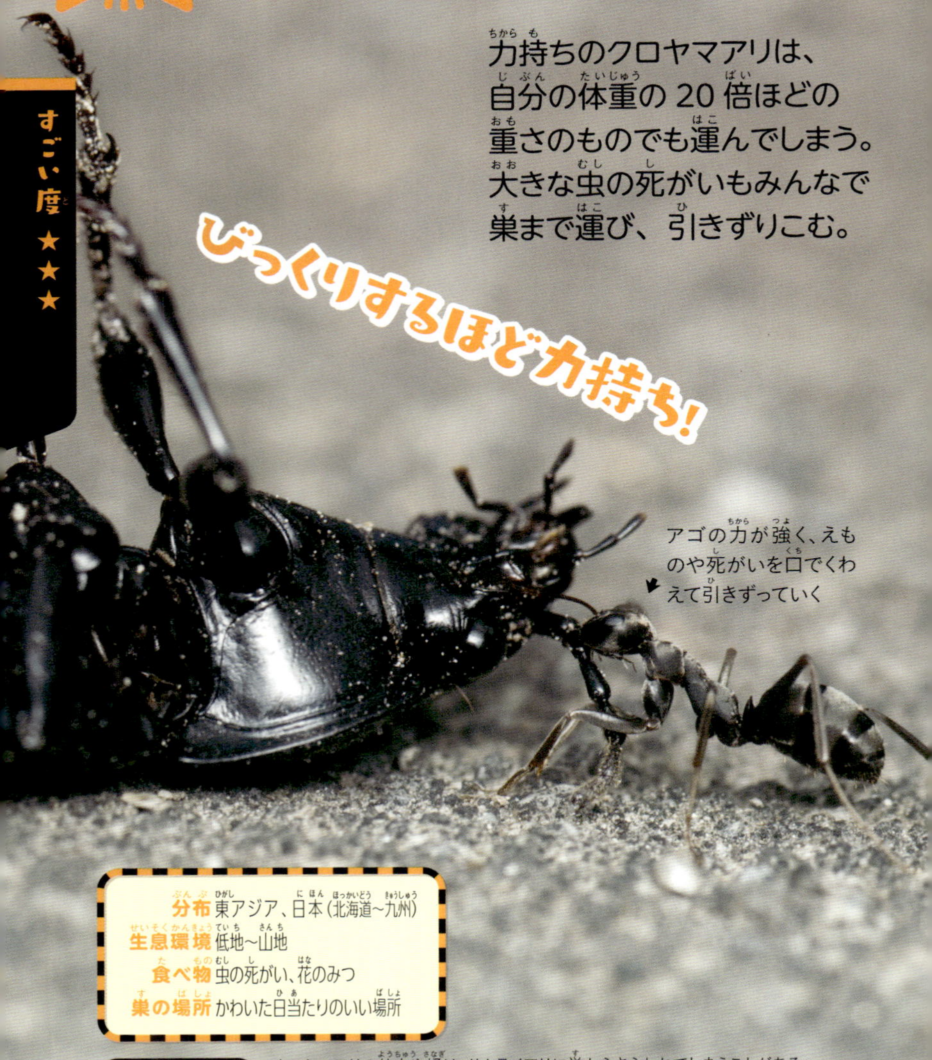

アゴの力が強く、えものや死がいを口でくわえて引きずっていく

分布 東アジア、日本(北海道~九州)
生息環境 低地~山地
食べ物 虫の死がい、花のみつ
巣の場所 かわいた日当たりのいい場所

まめちしき クロヤマアリの幼虫や蛹は、サムライアリに巣からさらわれてしまうことがある。サムライアリの巣で成長したクロヤマアリは、そこを自分の巣だと思って働いてしまう。

Frog-legged Leaf Beetle

すごい

モモブトオオルリハムシ

コウチュウ目ハムシ科 | *Sagra buqueti*

ムッキムキの太いあし！

すごい度★★

▲オスの後ろあしの内側にはトゲがある

オスは、後ろあしがとても太くて大きい。オスどうしで戦うときに、相手をはさんだりけったりするためにあるといわれている。

分布 東南アジア
生息環境 森林
英名の意味 カエルのあしのハムシ
食べ物 マメ科の植物

こんな大きさ

まめちしき ハムシのなかまは体長約1㎜の小型種から、20㎜以上の大型種までいるが、多くは6㎜前後。モモブトオオルリハムシは世界最大のハムシだ。

ゴライアスオオツノハナムグリ

Goliath Beetle

コウチュウ目コガネムシ科 | *Goliathus goliatus*

すごい度 ★★★★★

重さ世界一！

するどい
むねのふち

こんな大きさ

アフリカにすむ
ハナムグリのなかでも、
いちばん大きい。
体重は 100g にもなり、
バナナ1本分と同じくらい。
世界一重たい昆虫だ。

分布 アフリカ中央部
生息環境 森林
成虫の食べ物 樹液
ゴライアスの意味 聖書に出てくる巨人の兵士

まめちしき ゴライアスオオツノハナムグリのむねのふちは、ナイフのようにするどい。これは、頭とむねのあいだで、てきであるサルの指をはさんで、身を守るためだ。

すごい

Giant Weta

ジャイアントウェタ

バッタ目クロギリス科 | *Deinacrida heteracantha*

すごい度 ★★★★★

信じられないでかさ！

こんな大きさ

2011年に見つかった、最も巨大(85㎜)で重たい(71g)ジャイアントウェタのメス
(ほぼ実物大)

バッタのなかまとは
思えないほど巨大だが、
動きがおそく、
飛んだりはねたりしない。
人間からもにげようとしない。

分布 リトル・バリア島(ニュージーランド)
生息環境 森林
食べ物 木の葉や木の実
性質 とてもおとなしい

まめちしき ニュージーランド本島にもいたが、人間が持ちこんだネズミに食べられていなくなってしまった。動きがにぶいことから、リトル・バリア島でも絶滅が心配されている。

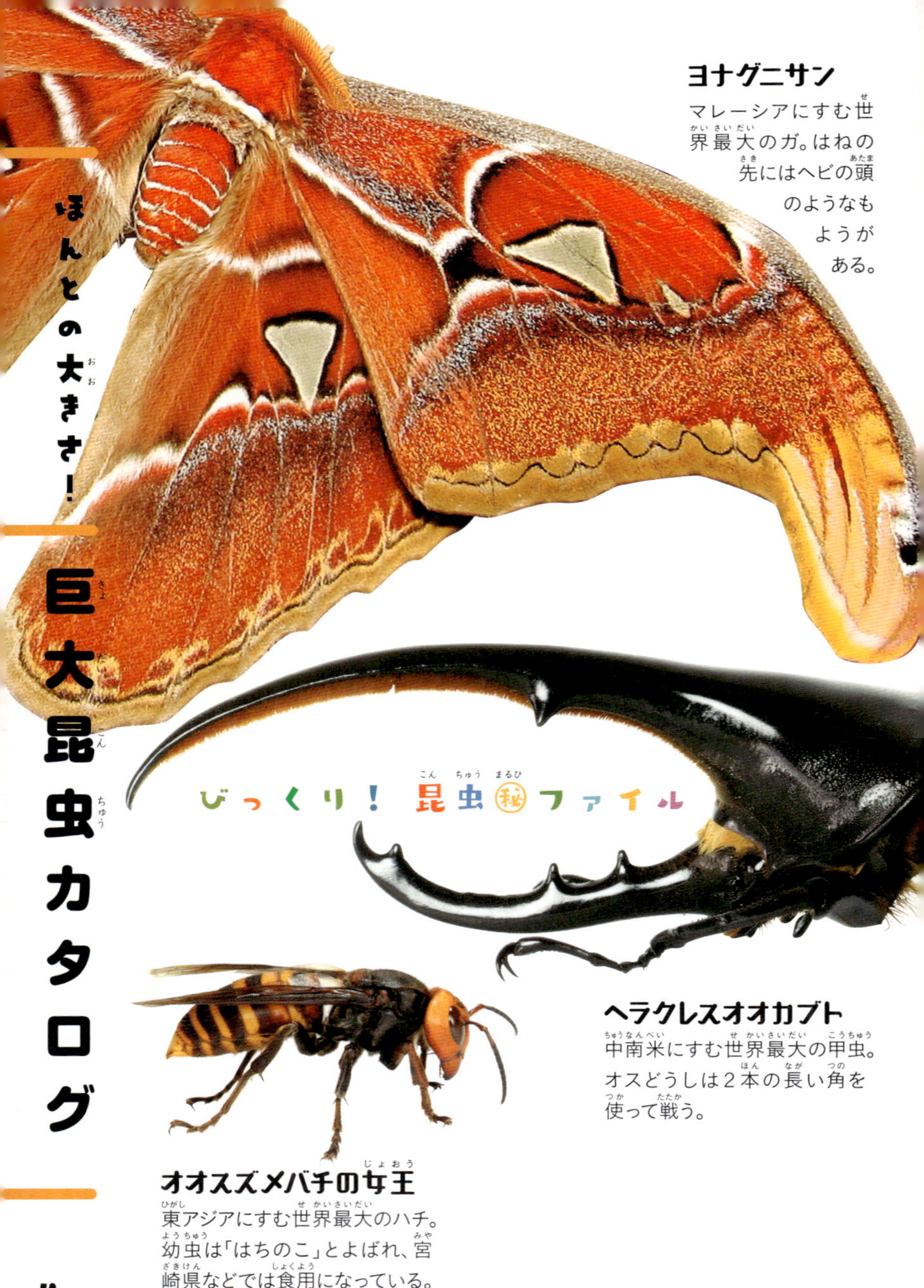

ほんとの大きさ！ 巨大昆虫カタログ

びっくり！ 昆虫㊙ファイル

ヨナグニサン

マレーシアにすむ世界最大のガ。はねの先にはヘビの頭のようなもようがある。

ヘラクレスオオカブト

中南米にすむ世界最大の甲虫。オスどうしは２本の長い角を使って戦う。

オオスズメバチの女王

東アジアにすむ世界最大のハチ。幼虫は「はちのこ」とよばれ、宮崎県などでは食用になっている。

世界にはおどろくほど巨大な昆虫がたくさん！ 世界最大級の昆虫たちを実物大でしょうかいしよう。

ヨロイモグラゴキブリ

オーストラリアにすむ世界最大のゴキブリ。モグラのような形の前あしをもち、地中にトンネルをほってくらす。

ルブロンオオツチグモ

南米にすむ世界最大のクモ。地元ではこのクモをバナナの葉にくるみ、むし焼きにして食べる。

Mole Cricket

ケラ

バッタ目ケラ科 | *Gryllotalpa fossor*

すごい度 ★★★

大きな前あしをもち、ふだんはモグラのように土の中でくらす昆虫。しかしじつは、水中や空でも自由に動けるのだ。

オリンピック

ほる!

前あしは土をほりやすいように平たく、長いつめが生えている。このあしをシャベルのように使ってトンネルをほる。

泳ぐ!

犬かきのように前あしで水をかいて泳ぐこともできる。体じゅうに細かい毛が生えていて、水をはじく。

まめちしき

小さい前ばねをこすり合わせて、ジーという長い音を出す。コオロギのなかまであり、オスは鳴いてメスをよんでいるのだ。

選手!?

飛ぶ!
大きな後ろばねを使って飛ぶこともできる。夜、外灯にやってくることも。

分布 アジア、オーストラリア、日本
生息環境 草地や畑
英名の意味 モグラのようなコオロギ
食べ物 草の根、小さな昆虫、ミミズ

まめちしき ケラは人間につかまれると前あしを上げる。そのすがたが、こうさんしているように見えることから、お金を使いはたしてしまうことを「おけらになる」という。

すごい

Predacious Diving Beetle

ゲンゴロウ

コウチュウ目ゲンゴロウ科 | *Cybister japonicus*

すごい度 ★★★

長い毛がたくさん
生えた後ろあしで、
水をかいて泳ぐ

ゲンゴロウは自由に
水中を泳ぎ、えものを
とってくらす。
長い時間水中に
いられるのには、
ひみつがあるのだ。

世界の分布	朝鮮半島、台湾、中国、シベリア
日本の分布	北海道〜九州
生息環境	池、水田、川
食べ物	オタマジャクシ、カエル、小魚

まめちしき 背中の空気がはみだして、おしりにあわがついていることもある。
このあわのまくを通して、水中からさんそをとりこむこともできる。

空気をせおった水中ハンター！

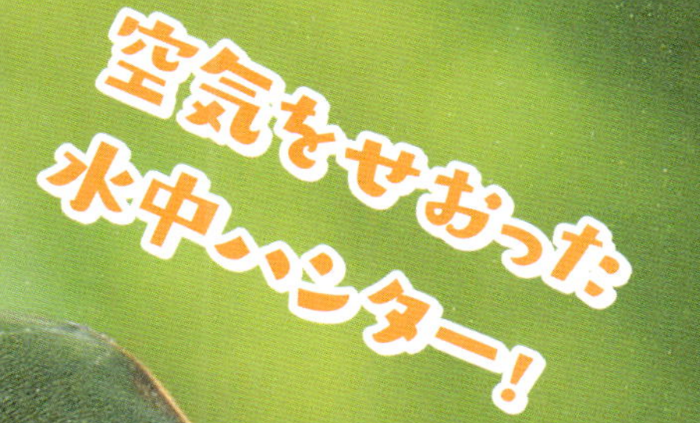

水面におしりを出して、外の空気をすいこむ

ひみつは空気ボンベ！

昆虫は、体にある気門というあなで息をしている。ゲンゴロウは水面ではねとおなかのあいだに空気をため、水中ではそれを気門に送ってこきゅうする。

幼虫も水面におしりを出して空気をとりこみ、あごでえものをとらえて食べる

まめちしき　日本でも昔は多く見られたが、農薬の使用や環境破壊、ブラックバスなどの外来生物が池にすみつくようになったことなどで数がへり、絶滅が心配されている。

Net-winged Planthopper

ベッコウハゴロモ

カメムシ目ハゴロモ科 | *Orosanga japonicus*

すごい度 ★★★

タンポポの
わた毛のように
見えるが、よく見ると
もぞもぞと動いている。
このなぞの物体は
なんだろう。

わた毛でかくれんぼ？

まめちしき

おどろくとバネのようにピョンとはねる。はねるときはロウの毛をたたみ、着地するときには広げるので、パラシュートのように見えることも。

分布 台湾、日本
生息環境 草原〜森林
見つけ方 7〜8月にクズやクワの周りをさがす
英名の意味 あみのようなはねのウンカ

正体は昆虫の幼虫

じつは、これはベッコウハゴロモという昆虫の幼虫。おしりから出ているのはロウでできた毛だ。

←ロウの毛を少したたんだところ
目にしまもようがある↑

←成虫はうす緑色の鱗粉におおわれている

体をかくしている？

このロウの毛は、せんすのように広げたり、たたんだり、向きを変えたりできる。これで体をかくして、てきに見つからないようにしていると考えられている。

まめちしき
成虫は、ガのようにも見えるが、セミに近いなかま。
成虫の大きさは7㎜ほどあり、幼虫と同じくジャンプが得意で、木や草のしるをすう。

Paper Kite

オオゴマダラの蛹

チョウ目タテハチョウ科 | *Idea leuconoe*

すごい度 ★★★★

金色にかがやく美しい蛹だが、じつは蛹自体に色はない。光の反射やくっせつによって、金色にかがやいて見えるのだ。

鏡のように、周りの景色がうつりこんでいる

羽化後の蛹のからは、透明になる

分布 東南アジア、台湾、日本(南西諸島)
生息環境 海岸林
幼虫の食べ物 ホウライカガミなどの毒草
英名の意味 紙のたこ

まめちしき
成虫の前ばねの長さは65～75㎜で、日本最大級のチョウ。
成虫の寿命は長く、半年生きるものもいる。幼虫、成虫ともに毒をもつ。

Japanese Flash

トラフシジミ

チョウ目シジミチョウ科 | *Rapala arata*

こんな大きさ

シジミチョウには、後ろばねが変わった形をしているものが多く、まるで頭がふたつあるように見える。これは、にせものの頭をねらわせて、本当の頭を守るためと考えられている。

頭がふたつ!?

すごい度 ★★★

頭のような丸い出っぱりと、触角のようなとがった部分がある

分布 東アジア、日本(北海道〜九州)
生息環境 森林
幼虫の食べ物 フジ、クズなどの花
和名の由来 はねにトラもようがある

まめちしき トラフシジミには春型と夏型があり、写真は春型のもの。夏型のはねには白いスジがはっきり見えず、全体がうす茶色をしている。

すごい

17-year Periodical Cicada

ジュウシチネンゼミのなかま

カメムシ目セミ科 | *Magicicada* sp.

アメリカには17年に一度、
いっせいに羽化するセミがいる。
その数は50億匹ともいわれ、
町は人々の話し声が聞こえない
ほどの鳴き声につつまれる。

すごい度 ★★★★★

セミ～！

セミ～！

こんな大きさ

分布 北米東部
生息環境 町中や森林
成虫の寿命 3～4週間
英名の意味 17年周期のセミ

まめちしき
羽化する年はアメリカのなかでも地域によってずれがある。
セミのTシャツやおかしをつくるなど、17年に一度のイベントとして楽しむ町もある。

ずーっと土の中

日本にいるセミの幼虫が地中でくらすのは、だいたい2～5年ほど。しかしこのセミの幼虫は、なんと17年ものあいだ地中でくらすのだ。

また17年後に

羽化の数日後から鳴き始め、交尾をし、産卵する。ふ化して地中へもぐった幼虫は、また17年後にいっせいに土の中から出てくる。

まめちしき

セミが羽化する年は、同じ種のなかにも早いものやおそいものがいるなど、バラバラ。このセミが同じ年にいっせいに羽化する理由はまだよくわかっていない。

すごい

Japanese Oak Silkmoth

ヤママユ

チョウ目ヤママユガ科 | *Antheraea yamamai*

すごい度 ★★★★

分布 朝鮮半島、台湾、日本
生息環境 森林
卵の数 150～200こ
成虫の寿命 1～2週間

まめちしき

有名な昆虫学者であるファーブルの観察では、ヨーロッパにすむオオクジャクヤママユのメス1匹が出すにおいで、20匹のオスが数km先から集まってきたという。

においでメスをさがす！

ヤママユのオスはにおいをたよりにして、遠くにいるメスをさがしだすことができる。大きな触角で、メスの出すにおいを感じとるのだ。

メスはにおいを出して待つ

産卵する木のえだなどにつかまり、においを出して、オスが飛んでくるのを待つ。

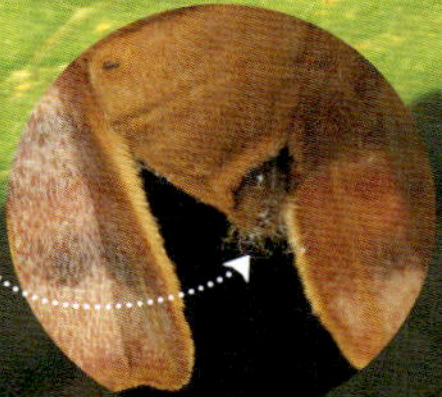

おしりの先に、においを出す部分がある

大きいのはオスだけ

えだ分かれした触角には細かい毛がたくさん生えている。そのため、においを感じる部分がとても多いのだ。

オスはメスを見つけると、腹をつけて交尾をする

メスは木のえだなどに卵を産み、一生を終える

まめちしき

ヤママユのまゆからとれるきぬ糸は美しくじょうぶなため、ネクタイやさいふなどに使われている。ひとつのまゆから600～700mのきぬ糸がとれる。

すごい

Japanese Honey Bee

ニホンミツバチ

ハチ目ミツバチ科 | *Apis cerana*

すごい度 ★★★★★

ミツバチが集まって丸くなっているが、じつはこの中にはキイロスズメバチが入っている。ミツバチは筋肉をふるわせて体温を上げ、熱でスズメバチを殺してしまうのだ。

危険な必殺ワザ

これは「蜂球」といわれ、5分ほどで中は45℃以上まで熱くなる。ミツバチはスズメバチよりわずかに高い温度までたえられるが、なかには死んでしまうミツバチもいる。

まめちしき 昔から日本にいるニホンミツバチは、スズメバチに「蜂球」で攻撃ができるが、外国から持ちこまれたセイヨウミツバチは身を守るすべがなく、あっさり殺されてしまう。

何があったの?

ニホンミツバチが、巣の周りをパトロールしている。そこへ、キイロスズメバチが幼虫をうばいにやってきた。

⬆巣の入り口にとまったキイロスズメバチを、あっという間にたくさんのニホンミツバチがとりかこんだ

分布	日本(本州~九州)
生息環境	平地~山地の森林
女王バチの寿命	約2~3年
産卵数	1日に数百~1000こ

まめちしき 多くのスズメバチが巣にくると、1匹ずつ熱死させるのはむずかしい。女王バチは働きバチに守られながら遠くへにげ、別の場所で巣をつくりなおす。

すごい

Clear-winged Moth

キタスカシバ

チョウ目スカシバガ科 ｜ *Sesia yezoensis*

すごい度 ★★★★

黄色と黒のしまもようや、
体の形、すけたはねまで、
スズメバチにそっくり。
しかし、頭は毛で
もこもこで、
触角は太く、
こう見えても
ガのなかまなのだ。

こんな大きさ

分布 シベリア、日本（北海道〜本州）
生息環境 森林
成虫の見つけ方 6〜8月にヤナギの林でさがす
幼虫の食べ物 ヤナギ科の木のかわの下の部分

まめちしき スカシバは「透かし翅」と書く。このなかまは、羽化してすぐにはねをふるわせて鱗粉を落とすため、はねに鱗粉がなく透明に見える部分が多いことからこの名前がついた。

スズメバチは人気者!?

毒針をもつスズメバチは、多くの生き物におそれられている。そのスズメバチに体の色や形をにせることで、毒をもっていると見せかけ、てきから身を守っている昆虫は多い。

⬆トラフカミキリ。カミキリムシにしては触角が短い

⬆アカウシアブ。日本最大の吸血アブ

⬅ハチのようにブ〜ンとはねを鳴らしながら飛ぶ

⬆セスジスカシバ。大きさや飛び方もハチそっくり

まめちしき 毒をもつ昆虫は目立つ色をしていることが多い。それは鳥などのてきに、食べたらあぶないえさとしておぼえてもらうためと考えられている。

Constable

スミナガシの蛹

チョウ目タテハチョウ科 | *Dichorragia nesimachus*

すごい度 ★★★★

ただのかれ葉に見えるが、
これはスミナガシという
チョウの蛹。
鳥も見分けがつかず、
おそわれることも少ない。

こんな大きさ

かれ葉にそっくり!

分布 インド～オーストラリア、日本(本州～南西諸島)
生息環境 森林
蛹の見つけ方 夏か冬にアワブキなどの周りをさがす
英名の意味 おまわりさん

まめちしき スミナガシは「墨流し」と書く。はねのもようが墨を水にたらしたときにできるもようににていることから、この名前がついた。

成虫は、美しいはねをもつ

幼虫には大きな角がある

蛹になる前の幼虫は、長くてりっぱな角をもつ。この角は蛹になるときにとれるが、なんのためにあるのかは、よくわかっていない。

葉のスジや、虫が食べたあとまでそっくりにまねしている

まめちしき 成虫は樹液やじゅくした果実、動物のフンなどのしるをすう。ストローのような口は、赤くてよく目立つ。

すごい

Orchid Mantis

ハナカマキリの幼虫

カマキリ目ハナカマキリ科 | *Hymenopus coronatus*

すごい度 ★★★★

こんな大きさ

花になりきる!

3匹のハナカマキリの
幼虫が花になりきっているが、
どこにいるかわかるかな?
カマをたたんで、
えものがくるのを
じっと待っているのだ。

まめちしき
ハナカマキリの幼虫は、昆虫の好むにおいを出すことでも昆虫をおびきよせている。そのため、昆虫はカマキリに近づくだけでなく、とまろうとすることもある。

昆虫からも花に見える?

多くの昆虫は、人間には見えない紫外線という光が見えるため、人間とは見ている色がちがう。ハナカマキリの幼虫は、昆虫から見ても花に見える色をしている。

色が変わる!

生まれたときの幼虫の色は赤と黒で、花には見えない。成長とともに花ににた色に変わっていく。

↑高く上げたおなかは、花びらにそっくり

分布	東南アジア
生息環境	熱帯雨林
メスの寿命	約8か月(オスは約6か月)
英名の意味	ランのようなカマキリ

まめちしき 花ににせているのは、えものをとらえるためだけではなく、鳥などのてきから身をかくすためとも考えられている。

Dead Leaf Moth

すごい ムラサキシャチホコ

チョウ目シャチホコガ科 | *Uropyia meticulodina*

かれ葉が積もる森の地面に、
昆虫がかくれている。
どこにいるか、わかるかな?
(答えは 83 ページ)

すごい度 ★★★★

こんな大きさ

まめちしき シャチホコは、魚の体とトラの頭をもつ空想上の生き物。日本ではお城の屋根に像が置かれている。幼虫がするポーズが、そのシャチホコににていることから、この名がついた。

かくれているのは小さなガ

はねのもようがかれ葉そっくり。上からだと丸まったかれ葉にしか見えないが、横から見るとじつは平らで、ただのもようであることがわかる。

どこにいるの？

世界の分布 中国、ロシア、朝鮮半島、台湾
日本の分布 北海道～九州
生息環境 平地～山地
幼虫の食べ物 オニグルミの葉

まめちしき これほどかれ葉にそっくりなのに、緑色の葉っぱの上にいることもある。さまざまなところにいるので、かくれているわけではないのではとも考えられている。

見(み)つけられるかな？

昆(こん)虫(ちゅう)忍(にん)者(じゃ)登(とう)場(じょう)！

昆虫はあらゆる生き物のなかでも、かくれんぼが大得意。どこにかくれているかわかるかな？

答えは、次のページにあるよ。

ここにいた！昆虫忍者発見！

クロコノマチョウ
日本各地の林にすむ。落ちてくさった果実などに集まることが多い。休むときは落ち葉やかれ木などにとまる。

キノハダカマキリ
マレーシアにすむ。体が平たく、木のはだにぴったりくっつく。動きはゴキブリのようにすばやい。

カギシロスジアオシャクの幼虫
日本各地のコナラやクヌギの林にすむ。木の芽が成長して見た目が変わると、同じように体の色や形を変化させる。

こんなところにかくれていた。全部見つけられたかな？

オオコノハムシ

東南アジアのジャングルにすむ。あまりに葉っぱにそっくりなため、見まちがえたなかまにかじられてしまうこともある。

石ころ!?

バッタのなかま

アフリカのナミブさばくにすむバッタのなかま。すんでいる場所の石にそっくりの色になる。

ムラサキシャチホコ

(78-79ページ)

こんなところにいた！

Dead Leaf Moth
ムラサキシャチホコ
チョウ目シャチホコガ科 Uropyia meticulodina

かれ葉がつもる森の地面に、
昆虫がかくれている。
どこにいるか、わかるかな?
(答えはP.83)

どこにいるの
発見！

すごい

Glow Worm

ヒカリキノコバエの幼虫

ハエ目キノコバエ科 | *Arachnocampa luminosa*

すごい度 ★★★★

光っているのはおしりの部分で、周りの糸は、その光に照らされて光っている

まめちしき

ヒカリキノコバエが生息するいくつかのどうくつのなかには、世界遺産に指定されているものもあり、観察ツアーなどももよおされている。

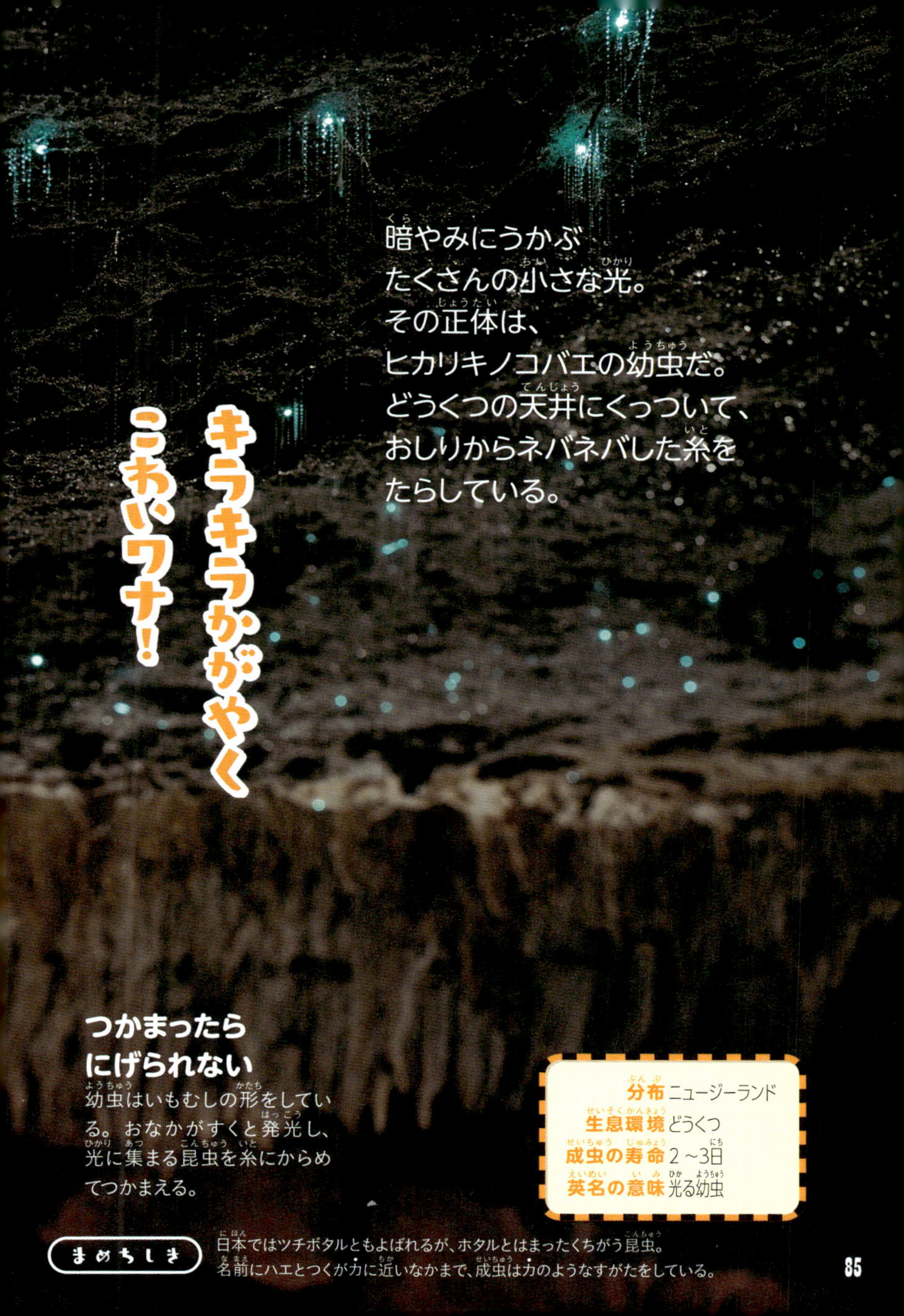

キラキラかがやく
こわいワナ！

暗やみにうかぶ
たくさんの小さな光。
その正体は、
ヒカリキノコバエの幼虫だ。
どうくつの天井にくっついて、
おしりからネバネバした糸を
たらしている。

**つかまったら
にげられない**

幼虫はいもむしの形をしている。おなかがすくと発光し、光に集まる昆虫を糸にからめてつかまえる。

分布 ニュージーランド
生息環境 どうくつ
成虫の寿命 2～3日
英名の意味 光る幼虫

まめちしき
日本ではツチボタルともよばれるが、ホタルとはまったくちがう昆虫。
名前にハエとつくが力に近いなかまで、成虫は力のようなすがたをしている。

Magnificent Spider

オオイセキグモ

クモ目コガネグモ科 | *Ordgarius magnificus*

すごい度 ★★★★

メスは夜になると、
えだのあいだにはった糸に
ぶら下がり、
ネバネバした玉が
ついた糸をたらす。
えものが近づくと、
糸をブンブンとふり回し、
つかまえる。

分布 オーストラリア東部
生息環境 森林
産卵 数百この卵を糸で包む
英名の意味 すごいクモ

まめちしき 糸の先にある玉には、ヤガというガのメスが出すものに、にたにおいがついていて、オスのガは、そのにおいにおびきよせられ、つかまってしまう。

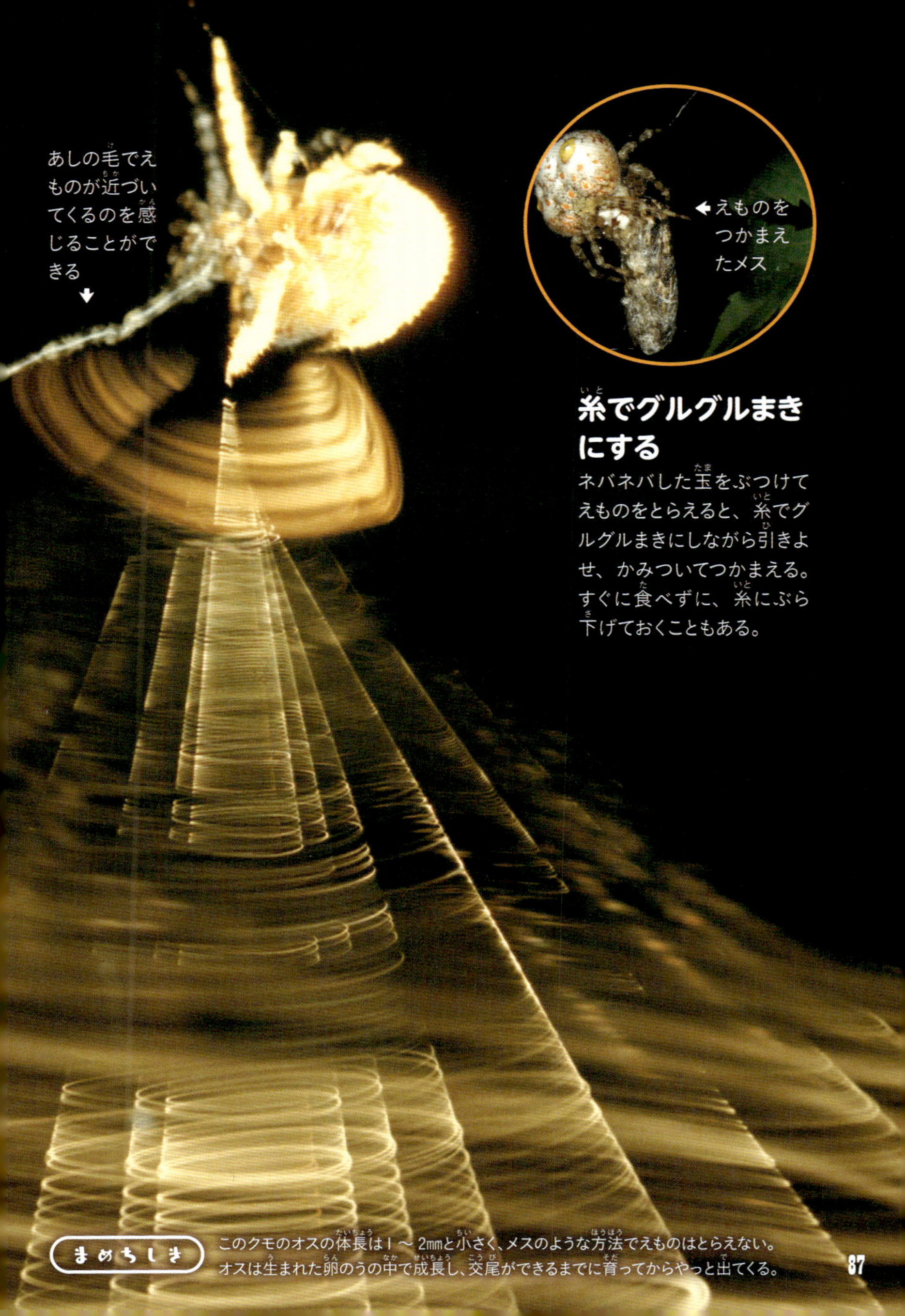

あしの毛でえものが近づいてくるのを感じることができる
えものをつかまえたメス

糸でグルグルまきにする

ネバネバした玉をぶつけてえものをとらえると、糸でグルグルまきにしながら引きよせ、かみついてつかまえる。すぐに食べずに、糸にぶら下げておくこともある。

まめちしき このクモのオスの体長は1〜2mmと小さく、メスのような方法でえものはとらえない。オスは生まれた卵のうの中で成長し、交尾ができるまでに育ってからやっと出てくる。

すごい

Mantis Fly

ミナミカマバエ

ハエ目ミギワバエ科 | *Ochthera circularis*

こんな大きさ

すごい度 ★★★

動くものにはカマをふりかざしてとびかかる

なんとミナミカマバエには、
カマキリのようなカマがある。
えものはカなどの小さい昆虫。
カマでしっかりつかまえて、
体液をすいとる。

まめちしき

ミナミカマバエがいない東北地方周辺には、ヤマトカマバエというカマバエのなかまがすんでいる。同じようにカマをもっており、2種を見分けるのはむずかしい。

ハエだからってなめるなよ！

カマにはつめと細かいトゲがあり、つかまえたえものははなさない

↑前あしのカマや三角形の頭、つり上がった目は、カマキリのようだ

世界の分布 インド、東南アジア、台湾
日本の分布 本州中部～南西諸島
生息環境 湿地などの水辺
とくぎ あしを水面につけてうかぶ

まめちしき えものを待ちぶせしているときにカマを動かす動作は、まるでボクサーがパンチをくり出す動きのように見える。

Monarch

オオカバマダラ

チョウ目タテハチョウ科 | *Danaus plexippus*

すごい度 ★★★★

茶色の木に見えるが、じつは茶色の部分はすべてチョウ。その数は数億匹になることも。毎年集団で同じ森に集まって冬をこし、春になると卵を産みに旅立つ。

1本の木に数十万匹のチョウがとまるので、重さでえだが折れることもある

こんな大きさ

分布 北米～南米、オーストラリアなど
生息環境 森林、草原
産卵数 約700こ
英名の意味 王様

まめちしき カナダから中米まで、毎年同じ森を目指して3000kmものきょりを旅する。新しく生まれたチョウは、なぜか前の年にみんなが集まった場所がわかる。

数億匹の大集合！

毒をためて大きくなる

幼虫はトウワタという毒草を食べて大きくなる。幼虫はその毒を体にためているため、鳥に食べられることはない。毒は成虫にも受けつがれる。

↑トウワタの花にとまるオオカバマダラ

↑オオカバマダラの幼虫

まめちしき　数百万匹の大移動は、気象レーダーに雲のようにうつることもある。しかし、近年では、トウワタの数がへり、オオカバマダラは20年間で9割も数がへったことがわかった。

すごい

Water Bear

クマムシのなかま

緩歩動物門 | Tardigrada

この写真は色をつけてあるが、実物の体は透明で、食べた物がすけて見える

すごい度 ★★★★★

真空や、マイナス273℃の低温、151℃の高温、高い放射能など、どんな環境にもたえられるスーパー生物。

眠れば最強!?

かんそうするとひからびてちぢまり、「乾眠」とよばれる状態になる。こうなると、どんなにくらしにくい環境でもたえられるようになる。

分布 世界中
生息環境 あらゆる環境
食べ物 微生物や植物のしる
弱点 つぶされると死ぬ

まめちしき 現在では約1000種のクマムシが見つかっており、日本には約100種がいる。卵の形は、コンペイトウのような形や、イソギンチャクがくっついたような形など、種によってさまざま。

なぜ?
変わった行動をしたり
ふしぎな体のつくりを
していたりする昆虫大集合!

なぜ

Camellia Weevil

ツバキシギゾウムシ

コウチュウ目ゾウムシ科 | *Curculio camelliae*

なぜ度★★★

?

長い口で何をするの?

長くのびているのは鼻ではなく口。先っぽにはちゃんと歯もついている。この長い口は、いったいなんのためにあるの?

こんな大きさ

分布 朝鮮半島、日本(本州～九州)
生息環境 平地～山地の森林
幼虫の食べ物 ツバキの実
メスの口の長さ 10mm (オスは5mm)

まめちしき ツバキは種子を守るために、周りを包む実がどんどんあつく進化していった。それに合わせてツバキシギゾウムシの口も長く進化していったといわれている。

長～いのは鼻？口？

触角

↑体より口が長いのはメスだけ

！ツバキの実にあなをあける！

ツバキの実に口をさしこみ、体をグルグル回して、深くつきさしていく。種子までとどいたら、そこに産卵管を入れて卵を産む。

まめちしき ゾウムシ科の昆虫は現在知られているだけで約6万種いる。まだ見つかっていないものも含めると20万種はいると考えられており、生物のなかで、最も種数の多いグループだ。

なぜ

Morgan's Sphinx Moth

キサントパンスズメガ

チョウ目スズメガ科 | *Xanthopan morganii*

なぜ度 ★★★★★

?

長い口はなんのため?

黒いうずまきのように見えるのはグルグルとまかれた口。いったいなんのためにあるのだろう?

長い口がグ～ルグル!

こんな大きさ

分布 東アフリカ、マダガスカル
生息環境 山地
体長 約7cm
とくぎ ホバリング飛行

まめちしき キサントパンスズメガがランのみつをすうと、管の入り口にある花粉がガの体につく。ランはみつをすわせる代わりに、花粉を運んでもらっているのだ。

花のみつをすうため!

マダガスカルにあるアングレカム・セスキペダレというランは、長い管の先にみつがある。20cm以上もあるこの管からは、キサントパンスズメガしか、みつをすえない。

ここに
みつが
入っている

生物学者の予言

このランが見つかったとき、まだキサントパンスズメガは見つかっていなかった。しかし、ランの長い管を見たある生物学者は、この花のみつをすうガがいるにちがいないと予言した。そして彼の死から20年後、ついにこのガが発見された。

まかれている口をのばすと、26cmほどもある

まめちしき マダガスカルでは、管が40cmもあるアングレカム・ロンギカルカルというランも見つかっている。しかし、この管からみつがすえるガはまだ見つかっていない。

長いしっぽはなんのため?

長さが体の9倍ほどもあるしっぽが、飛んでいるときもよく目立つ。このしっぽは、いったいなんのためにあるのだろう?

まめちしき 都市開発などにより、シロスジカミキリの幼虫がいるクヌギの林は少なくなっている。そのため、シロスジカミキリに寄生するウマノオバチの数もへっている。

↑木のあなに産卵管を入れるメス

どこまでのびる？

！

木の中の幼虫に産卵するため！

この長いしっぽは、じつはメスの産卵管。木のあなの中にいるシロスジカミキリの幼虫をさがして、卵を産みつけるのだ。

分布 台湾、日本（北海道～九州）
生息環境 平地～山地の森林
幼虫の食べ物 シロスジカミキリの幼虫
成虫のいる場所 5月ごろの雑木林

まめちしき ほかのコマユバチ科のハチは、エサとなる昆虫の幼虫にたくさんの卵を産みつけるが、ウマノオバチはひとつの卵しか産みつけない。

なぜ

Giraffe Weevil

キリンクビナガオトシブミ

コウチュウ目オトシブミ科 | *Trachelophorus giraffa*

クレーン車みたい!

なぜ度 ★★★★

?

どうして頭が長いの?

直角に曲がっている部分から先が頭で、後ろがむね。とても細長い頭をもっているのだ。どうしてこんなに長いのだろう?

こんな大きさ

分布 マダガスカル島
生息環境 森林
食べ物 植物の葉
英名の意味 キリンのようなゾウムシ

!

もてるから!

オスは頭の長さをくらべ合い、より長いオスがメスを手に入れられると考えられている。

まめちしき オス同士はうなずき合ったり、頭を横にふったりして、頭の長さを競い合う。頭が長いのはオスだけで、メスの頭の長さはオスの半分ほどしかない。

なぜ

Stalk-eyed Fly

シュモクバエの一種

ハエ目シュモクバエ科 | *Cyrtodiopsis whitei*

なぜ度 ★★★★

こんな大きさ

? どうして目がはなれているの?

長くのびているのは触角ではなく、目のつけ根。先っぽの赤い部分に目がある。

! 強さをアピールするため!

目がよりはなれているオスほど、メスにもてることがわかっている。はなれた目は、強いオスのあかしなのだ。

分布 アジア、ヨーロッパ、アフリカ
生息環境 熱帯雨林
英名の意味 ぼうのような目の虫
和名の由来 「撞木」は鐘をつくT字形のぼう

まめちしき ハエのなかまは、口だけではなく、あしの先でも味を感じることができる。ハエが前あしをこすり合わせるのは、あしをきれいに保つためと考えられている。

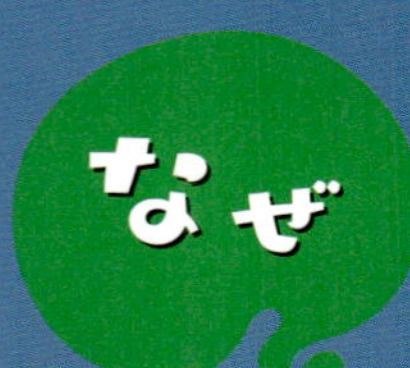

Dung-ball Beetle

アフリカタマオシコガネ

コウチュウ目コガネムシ科 | *Kheper platynotus*

なぜ度★★★★

?

どうして転がすの？

転がしているのはゾウのフン。オスがさか立ちしながら後ろあしでけって運ぶ。メスは上に乗っているが、玉が何かにはまったときなどは、おりて転がすのを手伝う。

30～90分かけて、ゾウのフンから玉をつくる

まめちしき ふだんは、食べるためのフン玉をつくる。産卵用の玉よりも少し小さい玉をつくり、それを地下にうめ、何時間もかけてひたすら食べる。食べながら自分も長いフンを出し続ける。

大玉転がし!?

!

地中にうめて卵を産むため!

玉を運ぶと、オスが頭の先で地面をほり、玉ごと地中にもぐる。そのあとはメスだけ地中に残り、いくつかに分けた玉の中に卵を産む。生まれた幼虫は玉を食べて成長し、成虫になると地上に出る。

↑成長するにしたがって、玉の内側は幼虫のフンでぬりかためられていく

分布 東アフリカ
生息環境 草原
とくぎ 体重の13倍ものフンを転がす
フン玉の大きさ 5～9cm

まめちしき 幼虫は玉にあなをあけないようにしんちょうに食べていくが、あながあいてしまったときは、背中から出るしるを使ってあなをふさぐことができる。

Case Bearing Leaf Beetle

ツツジコブハムシ

コウチュウ目ハムシ科 | *Chlamisus laticollis*

なぜ度★★★★★

？何に入っているの？

黒いからから頭を出した幼虫が葉っぱを食べている。何に入っているのかな？

一生ウンチまみれ！

先のほうが母親の古いフン

こんな大きさ

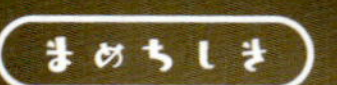

幼虫も成虫もツツジの葉を食べる。成虫の体は丸いつつ形で、背中には小さいこぶがあり、毛虫などのフンににている。こんなすがたでも飛べる。

！ウンチでできたから！

母親が卵をかくすためにくっつけたフンに、自分のフンをつぎ足してからをつくるのだ。

てきの目からかくすために、母親は卵に自分のフンをぬる

蛹もウンチまみれ

蛹を包むまゆは、幼虫のときのからをそのまま使う。こうして、卵のときから死ぬときまで、一生フンにかくれて身を守る。

分布 日本(本州、九州)
生息環境 平地~山地の森林
見つけ方 4～10月にツツジの植えこみをさがす
英名の意味 はこを運ぶハムシ

まめちしき 成虫は、おどろくと触角とあしをたたんで「死んだふり」をする。おなかにあしがおさまるみぞがあり、死んだふりをすると、ますますフンそっくりになる。

ウンチになりたい!?

ウンチにかくれる昆虫

スカシカギバの幼虫
白い部分がまざっているところが、鳥のフンにそっくり。生まれてすぐは白い部分がなく、全身に自分の黒いフンをつけている。

トリノフンダマシ
クモのなかま。昼は葉っぱのうらなどで休み、夜になるとあみをはる。

ホソアナアキゾウムシ
前ばねのもようが鳥のフンのように見えるため、目立ちにくく、葉っぱの上でも安心して食事ができる。

鳥などのてきから身を守るために、自分のフンを利用したり、鳥のフンに体をにせたりして、身をかくす虫がいる。

ウンチそのものにかくれる

カメノコハムシの一種の幼虫

だっぴがらに自分のフンをぬりつけ、それをせおって体をかくす。

イネクビボソハムシの幼虫

どろのような自分のフンを背中いっぱいにのせて、体をかくす。

Angled Sunbeam

ウラギンシジミの幼虫

チョウ目シジミチョウ科 | *Curetis acuta*

なぜ度★★★

なぜ花火を出しているの?

花火のように見えるのは、おどろいたときに角から出すふさ。これをクルクルとふりまわすのだが、なんためにするのだろう?

成虫ははねを広げたはばが約3cm。花にはほとんどおとずれず、くさった果実や動物のフンのしるをすう。はねのうら側が銀色なので、この名前がついた。

!

てきの目をだましていた!

じつは角があるのはおしり。てきの注意をおしりに向かせ、大事な頭を守るためと考えられている。

こっち側が頭

擬態もできる!

体の色を花に合わせ、てきに見つからないようにしている。蛹になるころには葉っぱに移動して、緑色になる。

世界の分布 朝鮮半島、台湾、中国
日本の分布 本州〜南西諸島
生息環境 森林
食べ物 クズやフジの花

まめちしき ウラギンシジミの幼虫は、角とふさでてきをだまして身を守る。ほかにも、チョウの幼虫には、くさい角を出しててきを威嚇するものもいる。

なぜ

Ant Lion

アリジゴクのなかま

アミメカゲロウ目ウスバカゲロウ科 | Myrmeleontidae

なぜ度 ★★★

こんな大きさ

あなに落ちたアリ

?

どうしてすなをまいているの?

これはアリジゴクとよばれる、ウスバカゲロウの幼虫の巣あな。すなをまき上げて、いったい何をしているのだろう?

まめちしき

アリジゴクのなかまには、巣をつくらず、地上でまちぶせしてえものをとる種もいる。巣あなをほるものの多くは、後ろにしか歩けず、後ずさりしながらすなをほる。

↑全身に生えた毛で、えものの動きを感じとる

すなかけこうげき！

！えものをつかまえるため

えものが巣あなに入ると、すなを投げつけて下へ落とす。最後はあごではさんで巣のおくへ引きずりこむ。

しるをすってポイ！

大きなあごはストローのようになっている。えものの体につきさしてしるをすいとり、残ったからは巣の外へほうり投げる。

分布 世界の温帯～熱帯
生息環境 すな地やかわいた地面
英名の意味 アリのライオン
まゆ すなと糸でつくる

まめちしき 若い幼虫のころはアリをえものにすることが多い。成長して体が大きくなってくると、ダンゴムシやクモなど、大型のえものも食べるようになる。

なぜ

Ferocious Water Bug

コオイムシ

カメムシ目コオイムシ科 | *Appasus japonicus*

なぜ度★★★

背中から
こんにちは!

?

どうして背中から?

これはコオイムシのオス。ニョキッと頭を出したのは、コオイムシの幼虫だ。どうしてオスの背中に幼虫が乗っているのだろう?

こんな大きさ

まめちしき　カメムシやセミに近いなかま。
えものにストローのような形の口をさして消化液を送り、肉をとかしてすい上げる。

メスが卵を産みつける

白いものはひとつひとつが卵。メスがオスの背中に卵を産み、オスが守るのだ。

卵の数は70こ以上になることも

おんぶだけじゃない

オスはときどき卵を水から出して、空気にあてたり、あたためたりしながら卵を守る。卵がふ化するとオスは体をかたむけ、幼虫が水に入りやすくする。

分布 朝鮮半島、中国、日本（本州～九州）
生息環境 水田や池
食べ物 小魚や貝など
英名の意味 どうもうな水生昆虫

まめちしき オスは波を立ててメスをよぶ。1回の交尾でメスが産む卵はひとつだが、何匹ものメスと交尾をするので、オスの背中は卵でいっぱいになる。

Parent Bug

エサキモンキツノカメムシ

カメムシ目ツノカメムシ科 | *Sastragala esakii*

なぜ度 ★★★★

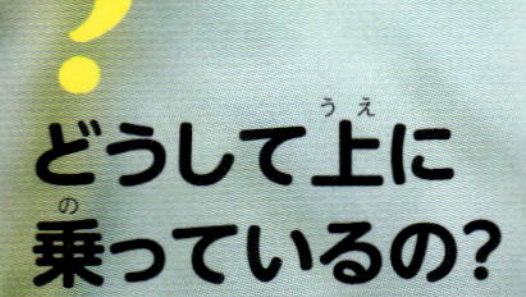

どうして上に乗っているの?

あしもとの黄色いつぶは、すべてカメムシの赤ちゃん。上に乗っていったい何をしているのだろう?

こんな大きさ

世界の分布 中国、朝鮮半島、台湾
日本の分布 北海道〜奄美大島
生息環境 平地〜山地の森林
英名の意味 子育てする虫

まめちしき 6〜8月ごろ、ミズキやハゼノキ、サンショウのそばをさがすと、葉のうらで卵を守っているすがたを見つけられることがある。

！赤ちゃんを守っている！

幼虫が自力で動けるようになるまでの約2週間、母親はどこへも行かずに幼虫を体でおおって守り続ける。

↑てきが近づいてきたら、体をかたむけて幼虫を守る

バタバタこうげき

母親は、近くにいるてきに気づくと、はねをはげしくふるわせて追いはらう。

背中には
ハートのもよう

まめちしき カメムシの出すくさいにおいは、あしのそばのあなから出ている。てきを追いはらう以外に、なかまどうしの合図などにも使われている。

Leaf Cutter Bee

ヤマトハキリバチ

ハチ目ハキリバチ科 | *Megachile japonica*

なぜ度★★★

葉っぱが通りまーす!

どうして葉っぱを運ぶの?

口とあしを上手に使って、自分の体より大きい葉っぱを運んでいる。いったい何に使うのだろう?

砂地にあなをほって巣をつくる

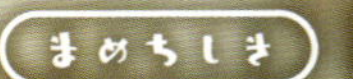

日本にはバラの葉っぱを切りとるバラハキリバチや、葉っぱを使わずに、竹づつの中に幼虫の部屋をつくるオオハキリバチなど、約25種のハキリバチがいる。

!

こども部屋をつくる!

葉っぱを巣に運ぶと、なんまいも重ねてコップの形にする。その中にみつでかためた花粉を入れ、ひとつの卵を産みつける。

↑ハキリバチのなかまの卵。かえった幼虫は花粉を食べて育つ

おなかに特別な毛があり、そこに花粉をつけて巣まで運ぶ

分布 朝鮮半島、日本(北海道~九州)
生息環境 平地~山地
英名の意味 葉を切るハチ
食べ物 クローバー、レンゲなどの花粉とみつ

まめちしき ハキリバチのなかまは、庭のホースの中などにも巣をつくる。ホースの先からコップ形に丸められた葉っぱがいくつも重なって出てくることもある。

なぜ

Tuft Moth

リンゴコブガの幼虫

チョウ目コブガ科 | *Evonima mandschuriana*

なぜ度 ★★★★★

トーテムポール!?

? 黒い玉は何?

長い毛におおわれたガの幼虫。積み上げている玉はいったいなんだ?

! 頭のぬけがら!

なんと、だっぴした頭のからを積んでいるのだ。本当の頭をかくすためともいわれているが、理由はなぞだ。

分布 東アジア、日本(北海道~九州)
生息環境 森林など
食べ物 クヌギ、サクラ、リンゴなどの葉
成虫の大きさ 17~24mm(はねを広げたはば)

まめちしき 頭に積んでいるだっぴがらは、いちばん先っぽに乗っているのがいちばん若いときの頭。そのため、上にいくほどからは小さくなる。

なぜ

Cuckoo Spit

シロオビアワフキの幼虫

カメムシ目アワフキムシ科 | *Aphrophora intermedia*

あわのおふろ!?

なぜ度★★★

?

なんであわまみれなの?

あわに包まれた2匹の幼虫。いっぱいなんのため?

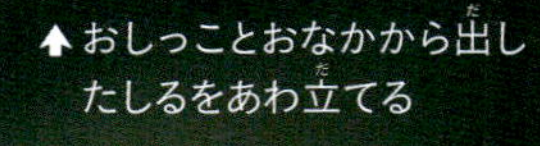

↑おしっことおなかから出したしるをあわ立てる

!

身を守るため!

あわはねばり気があり、雨でも流れにくい。安全なあわの中にかくれて、植物のしるをすってくらすのだ。

分布	中国、朝鮮半島、日本
生息環境	平地の草原、森林
英名の意味	カッコウのつば
食べ物	植物のしる

まめちしき　あわの中でくらすのは幼虫だけで、成虫になるとあわの外に出る。成虫は小さいセミのような形をしていて、おどろくとジャンプする。

なぜ

Gate-keeper Ant

ヒラズオオアリ

ハチ目アリ科 | *Camponotus nipponicus*

なぜ度 ★★★★

?

なんで切れてるの?

頭の先が切ったように平らになっている。いったいなぜこんな形をしているのだろう?

!

巣あなをふさぐため!

なんと平らな頭を使って、てきが巣に入らないようにフタをするのだ。

入るときは、フタをしているなかまの頭に触角でふれて合図をする

頭が切れちゃった!?

分布 日本(本州〜南西諸島、小笠原諸島)
生息環境 森林など
英名の意味 門番のアリ
和名の由来 頭が平らなので平頭

まめちしき 触角でふれられてなかまであることがわかると、後ろへ下がって中に入れる。なかま以外がつついた場合は入り口を開けない。

なぜ

Japanese Red Bug

ベニツチカメムシ

セミ目ツチカメムシ科 | *Parastrachia japonensis*

こんな大きさ

？卵を持ち歩くのはなぜ?

赤いカメムシが卵を運んでいる。
いったい何をしているのだろう?

なぜ度 ★★★★

大きな荷物は何!?

卵のあいだにストローのような口をさして運ぶ

！卵を守っていた!

母親は卵をてきから守るために、持ち運ぶ。卵がかえると、食べ物を口でつきさして運び、幼虫にあたえる。

世界の分布 中国、台湾
日本の分布 本州〜九州、奄美大島、沖縄本島
生息環境 森林
食べ物 ボロボロノキの実のしる

まめちしき ボロボロノキの実がなるのは5〜7月だけなので、このときしか食べ物がない。このあいだに、交尾・産卵・子育てをし、残りの9か月はあまり動かず、水を飲んで休んでいる。

Honey-pot Ant

ミツツボアリの一種

ハチ目アリ科 | *Camponotus* sp.

なぜ度 ★★★★

? どうしておなかが大きいの?

天井からぶら下がるアリたち。どうしておなかがふくらんでいるのだろう?

! みつをためている!

なかまのために、おなかに花のみつをためている。食べ物の少ない時期になると、口からみつを出し、ほかのなかまにあたえるのだ。

分布 オーストラリア
生息環境 さばくなど
英名の意味 みつのつぼをもつアリ
食べ物 花のみつ、草のしる、昆虫の体液

まめちしき みつは人間が食べてもあまくておいしい。オーストラリアの先住民・アボリジニはこのアリを、おやつとして食べている。ミツツボアリのなかまは、アフリカや北米、南米にもすんでいる。

Melittid Bee

なぜ シロスジケアシハナバチ

ハチ目ケアシハナバチ科 | *Dasypoda japonica*

なぜ度★★

?

花の中で何をしているの?

キキョウの花の真ん中で、3 匹のハチが丸くなっている。何をしているのだろう?

ねむっていた!

ハナバチのなかまには、ふだんは1 匹で行動しているが、夜になると花の中に集まってねむるものがいるのだ。

世界の分布 シベリア、中国東北部、朝鮮半島
日本の分布 本州、九州
生息環境 平地の草原や森林
産卵場所 すな地にほったあなの中

まめちしき ハナバチ以外にも、ねむるための巣をもたない昆虫はいる。草のくきをかんで体を固定したり、葉のうらにぶら下がったりして、いろいろな場所でねむるのだ。

びっくり！　昆虫㊙ファイル

わが子がいちばん！

子育てをする昆虫

多くの昆虫は子育てをしないが、なかには卵や幼虫の世話をする昆虫もいる。昆虫世界の親子愛をしょうかいしよう。

クロヤマアリの女王

わが子がまゆから出るのを手伝う女王アリ。アリは家族でくらし、助け合って子育てをする。

コブハサミムシ

母親は卵がふ化するまで、飲まず食わずで世話をする。幼虫は食べ物が少ない春先にかえるため、母親は幼虫に自分の体を食べさせて、成長を助ける。

かしこい
生きるために
さまざまな知恵を身につけた
昆虫大集合!

かしこい

Leaf Cutter Ant

ハキリアリのなかま

ハチ目アリ科 | *Atta* sp.

かしこい度 ★★★★★

どこまでも続く緑の行列。
その正体は、
切りとった葉っぱをくわえて
運ぶハキリアリたちだ。
行列は1万匹以上に
なることもある。

葉っぱの上にいるアリは、寄生バエなどのてきを追いはらう仕事をしている

まめちしき 葉っぱを運ぶアリが歩きやすいように、道にあるじゃまなものをどかす係のアリもいる。全部で30以上の係に分かれているともいわれている。

キノコを育てて食べる!

右の写真はハキリアリの巣の中。白い部分はアリタケというキノコの菌糸で、ハキリアリはこれを食べて生きている。巣まで持ち帰った葉っぱを肥料にして、キノコを育てているのだ。

アリタケはハキリアリの巣の中でしか見つかっていない

葉っぱを運ぶ係のアリは、あごが発達していて体も大きい

分布	中米〜南米
生息環境	熱帯雨林
寿命	女王アリ約20年、働きアリ約3か月
家族	女王アリ1匹と働きアリ約100万匹

まめちしき 2000種以上の植物から葉っぱを切りとって運ぶ。熱帯雨林には毒のある植物も生えているが、毒のない植物を見分けることができる。

かしこい

Weaver Ant

ツムギアリ

ハチ目アリ科 | *Oecophylla smaragdina*

こんな大きさ

かしこい度 ★★★★

葉っぱを引っぱる係のアリ

←ツムギアリはとても気が強く、かみついたり、おしりから毒のしるを出したりする

まめちしき　タイの農村部ではツムギアリも大事な食料だ。ツムギアリを生きたまま水につけ、おぼれて死んだアリを、スライスしたワタの実に乗せて食べる。

幼虫の糸でくっつける

葉っぱどうしをくっつける係のアリが、幼虫をあごでくわえている。幼虫が出す糸はネバネバしていて、その糸で葉っぱをくっつけるのだ。

おうちは手づくり!

たくさんのツムギアリが集まって葉っぱを引っぱっている。なんと葉っぱをつなげて自分たちで巣をつくってしまうのだ。

↑できあがったツムギアリの巣

分布 オーストラリア、アジア
生息環境 平地〜山地の森林
英名の意味 機織りアリ
和名の意味 「紡ぎ」は糸をつくること

まめちしき 同じツムギアリでも、地域によって腹部の色がちがう。オーストラリアの働きアリは緑色だが、アジアの働きアリは茶色。女王アリはどちらも同じ緑色だ。

Acacia Tree Ant

アカシアアリの一種

ハチ目アリ科 | *Pseudomyrmex* sp.

かしこい度★★★

↓アカシアのトゲ

女王アリがかんで開けた、巣の出入り口

ごほうびのためにがんばる!

アカシアという植物のトゲの中にすみ、つぶとみつを食べる。葉を食べにくる昆虫を追いはらったり、木の成長をじゃまするほかの木のつるを切ったりしてアカシアを守る。

まめちしき 毒針をもち、アカシアにさわろうとする人間をこうげきすることもある。アフリカにもアカシアアリのなかまがいて、葉を食べるキリンやゾウをむれでこうげきする。

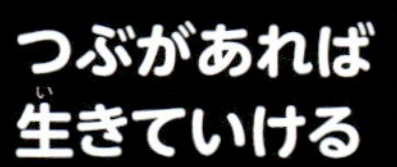

つぶがあれば生きていける

アリは、ほとんどアカシアのつぶとみつだけを食べて生きている。アカシアは、アリにあたえるために、このつぶをつけるように進化したと考えられている。

しゅうかくしたつぶを巣に持ち帰り、幼虫にあたえて育てる

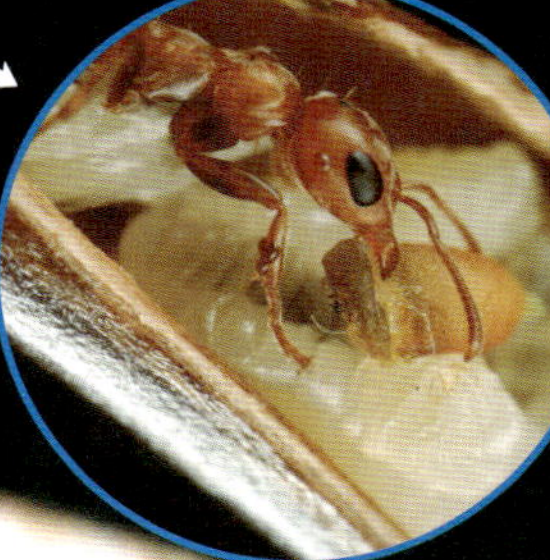

分布 中米～南米
生息環境 熱帯雨林
家族 女王アリ1匹と働きアリ数千匹
食べ物 アカシアのつぶとみつ

まめちしき アカシアのみつを食べていると、ほかの植物のみつが消化できなくなるという研究結果がある。アカシアは自分の成長のために、アリを利用しているとも考えられている。

かしこい

Asian Paper Wasp

フタモンアシナガバチ

ハチ目スズメバチ科 | *Polistes chinensis antennalis*

かしこい度 ★★★★★

昆虫の幼虫はとてもか弱い。フタモンアシナガバチの女王は、知恵をしぼって幼虫を守り、働きバチをりっぱに育て上げるのだ。

雨水をすてる!

巣に水がたまると幼虫がおぼれたり、卵にカビが生えたりする。女王バチは巣に入った水を、口ですって外へはき出す。

こんな大きさ

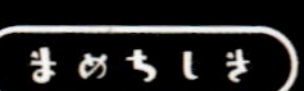

まめちしき

おとなしいハチなので、巣をあらさないかぎりおそわれることはない。しかし、なぜかせんたくものの中にまぎれこんでいて、人がさされてしまうこともある。

お母さんは たいへんだ!

巣を冷やす!

巣の中が高温になると、幼虫は弱って死んでしまう。女王バチははねを使って風を送り、巣を冷やす。

見張りをする!

新しい巣にはまだ働きバチが生まれていない。スズメバチに幼虫をとられないように、女王バチは1匹で巣を守る。

分布 日本(北海道~九州)
生息環境 市街地、草地、川原など
女王バチの寿命 約1年
和名の由来 腹に2つの紋(丸いもよう)がある

まめちしき
日本にしかいない種だったが、1979年にニュージーランドでもみつかり、その後、数がふえている。しかし、どうやってそこまで行ったのかはなぞである。

European Honey Bee

セイヨウミツバチ

ハチ目ミツバチ科 | *Apis mellifera*

こんな大きさ

かしこい度 ★★★★★

ダンスでおしゃべり!?

みつを集めた働きバチは、巣箱にもどると、おしりをふってダンスをする。これは、なかまにみつがある場所を教えているのだ。

巣箱の中は真っ暗

巣箱の中は暗く、何も見えない。ハチたちは触角で相手の体にさわったり、はねの音を聞いたりして、ダンスの動きを読みとるのだ。

まめちしき

8の字ダンスのときにおしりをふって歩く方向は、みつがある方角を示している。みつがある場所が遠いほど、おしりをふって真っ直ぐ歩く時間は長くなる。

近いときは円形ダンス

みつが近くにあるときは、速いテンポで円をえがくようにダンスをする。

ダンスをするハチ

ダンスをするハチに触角でさわるハチ

遠いときは8の字ダンス

みつが100m以上遠くにあるときは、8の字をえがくようなダンスをくり返す。おしりをふりながら真っ直ぐ歩いたら、右回りに元の位置にもどる。そして、またおしりをふりながら真っ直ぐ歩くと、今度は左回りに元の位置にもどる。

分布 世界の広いはんい
生息環境 平地～山地の草原、森林
寿命 女王バチ3～5年、働きバチ約1か月
産卵数 1日に2000こ以上

まめちしき ミツバチのダンスを研究したオーストリア出身の動物行動学者カール・フォン・フリッシュは、この研究により1973年にノーベル生理学・医学賞を受賞した。

かしこい

Carnivorous Caterpillar

スタモファグマナミシャクの幼虫

チョウ目シャクガ科 | *Eupithecia monticolans*

かしこい度★★★★★

進化した強いあし

これらのなかまのあしには、とがったかぎづめがある。肉食になるとともに、あしの形が進化したのだ。

ナイスキャッチ！

木のえだのふりをして
待ちぶせし、
えものが近づくと、
すばやくつかまえる。
ハワイにはこのように、
待ちぶせしてえものをとる
昆虫がいなかったので、
ほかの虫はそのこうげきに
慣れていなかった。
そこに目をつけたのが、
このシャクトリムシだ。

まめちしき

シャクトリムシとは、シャクガ科のガの幼虫のこと。細長いいもむしで、体をのびちぢみさせて歩く。どの種も木のえだににているが、多くはてきから身をかくすためである。

弱点をつくために進化!

このシャクトリムシはもともと草食だった。しかし、ハワイにすむ虫の弱点をつくために、待ちぶせしてえものをとる肉食へと進化したのだ。

分布 ハワイ諸島
生息環境 平地〜山地
食べ物 小さな昆虫
つかまえる速さ 0.1秒未満

まめちしき チョウ目は99%以上が草食だ。残りの1%に満たない肉食のなかで、えものを待ちぶせするものは、このハワイの肉食シャクトリムシだけだ。

The Gray-pointed Pierrot

クロシジミ

チョウ目シジミチョウ科 | *Niphanda fusca*

かしこい度 ★★★

クロシジミというチョウは、なんと幼虫をクロオオアリに育ててもらう。アリは世話をするかわりに、幼虫がおしりから出すあまいみつをもらうのだ。

育児はアリにおまかせ！

アリは、口から食べ物をはきもどしてあたえたり、体のそうじやフンのかたづけをしたりする

世界の分布 ロシア、中国、朝鮮半島
日本の分布 本州～九州
生息環境 平地～山地の森林
産卵場所 クロオオアリとアブラムシのいる草木

まめちしき クロオオアリは昆虫を食べるが、クロシジミの幼虫はおそわない。幼虫はアリのオスににたにおいを出し、なかまだと思わせていると考えられている。

運ばれて巣の中へ

植物のくきの上で生まれた幼虫は、まずアブラムシからしるをもらって育つ。みつを出せるようになると、クロオオアリの巣に運ばれ、そこで育てられる。

↑アリの巣の中で食べ物をもらう、クロシジミの幼虫

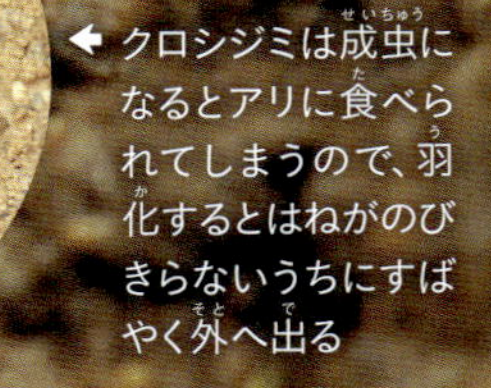

←クロシジミは成虫になるとアリに食べられてしまうので、羽化するとはねがのびきらないうちにすばやく外へ出る

まめちしき クロシジミはかつては日本に広く生息していたが、都市開発などにより生息地である草地がへり、絶滅してしまった県もある。

かしこい

Leaf-rolling Weevil
オトシブミ

コウチュウ目オトシブミ科 | *Apoderus jekelii*

こんな大きさ

かしこい度★★★★

手づくりのゆりかご！

メスは幼虫が育つのに
じゅうぶんな大きさの
葉っぱを見つけると、
あしを使って器用に
葉っぱをまき始める。
幼虫のための
ゆりかごをつくるのだ。

初めにつけ根をかんでしおれさせ、葉っぱをやわらかくする

卵のゆりかご

まいているとちゅうで葉っぱにあなをあけて卵をひとつ産む。最後は葉っぱを折り返してふたのようにかぶせ、つけ根を切って地面に落とす。

まめちしき 昔の日本には手紙を道において相手にわたす風習があり、その手紙を「落とし文」といった。地面に落ちた葉っぱを、その手紙に見立ててこの和名がついた。

世界の分布 朝鮮半島
日本の分布 北海道〜九州
生息環境 平地〜山地の森林
英名の意味 葉っぱをまくゾウムシ

←ゆりかごを切ってみたところ。黄色いのが卵

↑ふ化した幼虫は、自分をつつんでいる葉っぱを食べて育ち、成虫になると外に出る

まめちしき オトシブミのなかまは、種によって葉っぱのまき方がちがう。
また、まいた葉のつけ根を切って地面に落とす種と、切らずにぶら下げておく種がいる。

昆虫たちのおうち

おしゃれ!

オオカバフスジドロバチ
建物のすきまや竹の中に、どろで巣をつくり、出入り口をえんとつのような形に整える。

クスサン
幼虫がつくるまゆは、レースのようなあみ状で、中の蛹がすけて見える。

昆虫は自然のなかにあるさまざまなものを使って、上手に巣やまゆをつくる。昆虫たちがつくったおしゃれなおうちをしょうかいしよう。

ホタルトビケラの幼虫

水中にすみ、小石やすなを糸でていねいにつなぎ合わせて巣をつくる。

ムラサキトビケラの幼虫

水中にすみ、落ち葉をきれいにつなぎ合わせて巣をつくる。

マダラマルハヒロズコガの幼虫

木くずを糸でつないで、ひょうたん形の巣をつくる。体を外に出して巣ごと移動できる。

かしこい

Fog Basking Beetle

サカダチゴミムシダマシの一種

コウチュウ目ゴミムシダマシ科 | *Onymacris unguicularis*

水のないさばくでも、
生きていける昆虫がいる。
海から流れてくる、水分をふくんだ
空気を、かしこく利用するのだ。

かしこい度 ★★★★

背中にある細かいでこぼこで、空気中の水分を受け止める

おしりを上げて、体についた水分を口に集めて飲む

水よ集まれ！

こんな大きさ

分布 ナミブさばく（アフリカ）
生息環境 さばく
英名の意味 きりをあびる甲虫
食べ物 生き物の死がいやフンなど

まめちしき

「サカダチゴミムシダマシ」はナミブさばくにすむ何種かのゴミムシダマシの総称。「キリアツメゴミムシダマシ」ともいわれている。

かしこい

Scarlet Skimmer

ショウジョウトンボ

トンボ目トンボ科 | *Crocothemis servilia*

夏の暑い日、
ショウジョウトンボは
おしりを太陽に向けて
さか立ちをする。
日差しが当たる面積を
少なくして、
体温が上がりすぎない
ようにしているのだ。

かしこい度★★

せすじピーンッ!

風がよく当たる方向に
はねを向けることでも、
体を冷やしていると考
えられている

こんな大きさ

分布 日本(本州~九州)
生息環境 平地の池や水田
和名の由来 猩猩は赤い服を着た空想上の生き物
食べ物 ハエやカなどの小さな昆虫

まめちしき さか立ちはアキアカネなどほかのトンボもおこなう。
成長したショウジョウトンボのオスは、全身真っ赤だが、メスは茶色っぽくて目立たない。

Synchronously Flashing Firefly

プテロプティックスの一種

コウチュウ目ホタル科 ｜ *Pteroptyx* sp.

かしこい度★★★★

クリスマスツリー!?

緑色に見えるのは
すべてホタルの光。
遠くのメスにも
見つけてもらうために、
このホタルのオスは
数万匹で集まり、
同じリズムで光るのだ。

分布 東南アジア
生息環境 マングローブ林
英名の意味 同時に光るホタル
幼虫の食べ物 まき貝

➜光の正体はオレンジ色の小さなホタル

まめちしき
意外にも、ホタルには光らない種が多い。
種によって光るリズムがちがうため、別の種のオスとメスが出会うことはない。

Japanese Boxer Mantis

ヒメカマキリ

カマキリ目ヒメカマキリ科 | *Acromantis japonica*

かしこい度★★★

死んじゃったの!?

ふだんのすがた

多くのカマキリは、おどろくとカマをふり上げるが、ヒメカマキリは、引っくり返って動かなくなる。死んだふりをして、てきの注意をそらそうとしているのだ。

分布	日本(本州～沖縄)
生息環境	森林
とくぎ	長い時間飛べる
成虫が見られる時期	9～11月

まめちしき 「死んだふり」は、ほ乳類やは虫類など、昆虫以外の動物にも見られる行動。てきは、えものが動かなくなると、こうげきをする気がなくなると考えられている。

かしこい

Leaf Beetle

ハムシの一種

コウチュウ目ハムシ科 | *Aplosonyx* sp.

こんな大きさ

かしこい度 ★★★★

ハムシVS毒!

ハムシのなかまには、
葉っぱに毒がある植物を
食べるものがいる。
そんなときは、
食べる部分の周りに
切りこみを入れ、
毒のしるをすててから
食べるのだ。

分布 マレーシアなど
生息環境 林や草地
英名の意味 葉にいる甲虫
食べ物 クワズイモの葉

まめちしき　この行動を「トレンチ行動」という。トレンチは「みぞ」という意味。ガやチョウの幼虫なども、毒をもつ植物を食べるときにおこなう。

管を切って毒を外に出す

毒のしるは、葉っぱの中にある葉脈という管を通っている。その管をかみ切り、毒のしるを外に出す。

失敗することもある

切りこみが円くつながらないと、葉っぱの中に毒が残ってしまう。失敗して食べるのをあきらめたあともよく見つかる。

切りこみから出てきた毒のしる

まめちしき

ハムシのなかまは日本に約500種、世界に約3万5千種いる。成虫も幼虫も植物の葉を食べ、種によって食べる植物が決まっている。

Oil Beetle

マルクビツチハンミョウの幼虫

コウチュウ目ツチハンミョウ科 | *Meloe corvinus*

マルクビツチハンミョウの幼虫は、ハナバチをかしこく利用して、えさのある場所まで移動するのだ。

かしこい度★★★★

へイ! タクシー!

ふ化してすぐに花に上り、ハナバチがくるのを待つ幼虫

ハナバチのとうちゃく

ハナバチがくると、幼虫はハチの頭にしっかりつかまる。ハチの巣まで運ばれたら、ハチの卵や、そこにたくわえられたみつや花粉を食べて育つ。

まめちしき ツチハンミョウのなかまの幼虫には、集まってメスのハナバチの形になるものもいる。おびきよせたオスの体につき、交尾のときにメスに乗りかえて巣まで運ばれるのだ。

メスははねが退化して飛べないが、体内に毒をもつので、鳥などのてきにはねらわれにくい

パンパンのおなか

メスのおなかには数千こもの卵が入っている。数時間かけてあなをほり、産卵する。

ひとつの花に100匹以上いることも

分布	朝鮮半島、日本(北海道~九州)
生息環境	草地など
英名の意味	油のようなしるを出す甲虫
とくぎ	死んだふり

こんな大きさ

まめちしき 上った草に花がなかったり、ハナバチがこなかったりすることもある。無事に成虫になれる幼虫はごくわずかなため、メスはたくさんの卵を産む。

かしこい

Green Lacewing

ヨツボシクサカゲロウ

アミメカゲロウ目クサカゲロウ科 | *Chrysopa septempunctata*

かしこい度★★★

← 卵の長さは約1mm

世界の分布	ヨーロッパ〜アジア
日本の分布	北海道〜九州
生息環境	田畑、草むらなど
成虫の寿命	8〜9日

クサカゲロウのなかまは、おしりから糸を出し、その先に卵を産む。こうすることで、卵をアリに持っていかれないようにしている。

まめちしき この卵は昔、「うどんげ」という3000年に一度さく伝説の花だと思われていた。見つけるといいことがあるとも、悪いことがあるともいわれた。

こんな大きさ
卵がぶら〜ん！
↓葉のうら側などにまとめて卵を産む
↓アブラムシをとらえる幼虫

共食いをふせぐ

幼虫も成虫も肉食で、おもにアブラムシを食べる。卵をぶら下げて産むのは、先にかえった幼虫が卵を食べないようにするためともいわれている。

まめちしき 幼虫のときにアブラムシを300 〜 500匹も食べるため、アブラムシが多い場所に卵を産む。しかし、アブラムシが出すあまいしるを目当てに、てきであるアリも集まってしまう

Hanging Fly

ガガンボモドキの一種

シリアゲムシ目ガガンボモドキ科 | *Harpobittacus* sp.

かしこい度 ★★★

あえて弱いガガンボのすがたをまねることでえものをゆだんさせ、つかまえる。オスはつかまえたえものをメスにプレゼントするのだ。

プレゼントは大きさで勝負

いちばん大きなえものを持ってきたオスがメスに選ばれる。えものが小さいと、メスに相手にされなかったり、えものだけ持っていかれたりするので、オスは命がけで大きなえものをとる。

まめちしき　ガガンボモドキはガガンボとはまったくちがうグループの昆虫。ガガンボは花のみつを食べ、はねは2まい。ガガンボモドキは肉食ではねは4まい。

前あしをひっかけてぶら下がり、後ろあしのつめでえものをつかんで食べる

どろぼうに要注意！

メスのふりをしてオスに近づき、えものをぬすんでしまうオスもいる。しかもそれを、自分からのプレゼントとしてメスにわたしてしまうのだ。

分布 オーストラリア
生息環境 森林、草原
英名の意味 ぶら下がる羽のある虫
飛び方 長いあしを広げて飛ぶ

まめちしき ガガンボモドキのなかまは世界で約150種、日本では10種が確認されている。生態の研究が進んでいるが、プレゼントをわたす行動が確認されたのは日本では1種のみ。

Wheel Spider

マワリアシダカグモ

クモ目アシダカグモ科 | *Carparachne aureoflava*

かしこい度★★★★

さばくを転がっているのは、
ベッコウバチにねらわれたクモ。
長いあしを体にひきよせて
丸くなり、坂を転がることで、
走るよりもずっと楽に
にげられるのだ。

転がってにげろ〜！

ベッコウバチにねらわれないようにすなの中にかくれているが、
あなが浅いとほられて見つかってしまう。そうなると、いちもくさんに転がってにげる。

じつは努力家

深さ40～50cmの巣あなをほり、かべがくずれないように中に糸をはる。ほるすなの量は10ℓと、バケツ1ぱい分ほどにもなる。

けっこう速い!

側転するように転がって進む。1秒間に1.5m進むことも。体力を使わないので、遠くまでにげ続けられる。走ってにげる場合は、つかれるのでとちゅうで休む必要がある。

分布 ナミブさばく(アフリカ)
生息環境 さばく
英名の意味 車輪のようなクモ
食べ物 クモ、サソリ、昆虫、は虫類

まめちしき
えものをとるためのあみははらない。
夜、さばくを歩きまわってえものをとり、巣あなに持ち帰ってから食べる。

かしこい

Trapdoor Spider
トタテグモのなかま

クモ目トタテグモ科 | Ctenizidae

かしこい度★★

なんとこのクモの巣には、
ドアがついている。
少し開けて
外のようすをうかがい、
えものが通ると
すばやくつかまえ、
巣に引きずりこむのだ。

どうぞいらっしゃ〜い！

まめちしき

雨などで巣のドアがこわれると、ねばり気のある糸で小石をくっつけて、しゅうりする。糸はえものをとらえるためには使わない。

間取りはひと部屋

巣は10cmほどの深さがあり、内側は糸でおおわれている。メスは巣のおくに卵を産み、子グモと数か月くらす。

糸でできたドアの上には土がくっつけられていて、閉じるとまわりの地面と見分けがつかない

分布 アメリカ、アジア、日本など
生息環境 平地~山地
英名の意味 落とし戸をもつクモ
寿命 10年前後

まめちしき クモタケというキノコ(冬虫夏草)に寄生されることがある。寄生されたクモが死ぬと、巣からうすむらさき色のキノコが地上に出てくる。

多くの昆虫はあたたかい場所を好むが、
きびしい寒さのなかでくらす昆虫もいる。
極寒の世界にすむ昆虫をしょうかいしよう。

こんなとこにも!?

極寒にすむ昆虫

雪の上！

セッケイカワゲラ

雪の上にすむ水生昆虫。冬に成虫になり、川から上陸する。はねがなく、歩き回って雪の中の微生物を食べる。寒くないと生きられず、体温が20℃くらいになると暑さで死んでしまう。

ハイアークティックモス

北極の近くにすむガのなかま。幼虫はマイナス70℃の寒さにたえられ、ほぼ一年じゅう氷の中でねむっている。日照時間が長い6月だけ活動し、羽化、産卵する。成虫になるのに7年以上かかる。

←氷から出て日向ぼっこする幼虫

こわい
ほかの生き物にも
おそれられている
キケンな昆虫大集合！

こわい

Trap-Jaw Ant

アギトアリのなかま

ハチ目アリ科 | Odontomachus

こわい度 ★★★★★

大きな頭には、あごを速くとじるための筋肉がぎっしりつまっている

いっしゅんでしとめる!

最速のハンター

あごがとじる速さはなんと時速230km。この反射速度は、生物界でいちばん速いといわれている。

大きなあごを開き、
えものをさがして歩きまわる。
あごのつけ根にある毛に
えものがふれると、
バチンとあごがとじ、
えものをがっちりつかまえる。

まめちしき アギトアリのなかまは、もともとアジアでしか見つかっていなかったが、近年では北米大陸や日本の本州にも分布を広げている。

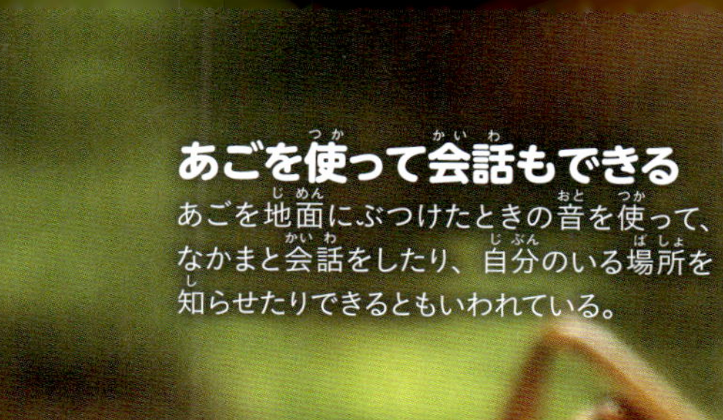

あごを使って会話もできる

あごを地面にぶつけたときの音を使って、なかまと会話をしたり、自分のいる場所を知らせたりできるともいわれている。

あごを使って大ジャンプ

大きなあごは、にげるときも役に立つ。あごを地面にぶつけるようにとじて、その反動で後ろへ大きくとぶのだ。体長の10倍以上のきょりをとんでにげられる。

世界の分布	中米～南米、アジア、オーストラリア、アフリカ
日本の分布	九州南部～八重山諸島
生息環境	平地～山地の森林
和名の由来	顎門とはあごのこと

まめちしき アギトアリのなかまは、おしりに毒針をもっている。えものをつかまえるときや、身を守るときに使うのだ。

Burchell's Army Ant

こわい

バーチェルグンタイアリ

ハチ目アリ科 | *Eciton burchellii*

食べ物をさがしてジャングルを行進するグンタイアリの大群。目は明るさがわかるていどで、ものは見えないが、出くわしたあらゆる生き物を食べつくしてしまう。

こわい度 ★★★★★

すべてを食べつくす

こんな大きさ

まめちしき グンタイアリのむれには、それぞれ役目がちがう4種類の働きアリがいる。体が小さい3種類のアリがえものをとり、大きいアリは行軍をてきから守っている。

行軍のボディーガード

ひときわ体の大きい働きアリは、行軍をてきから守っている。そり返った大あごでてきをむかえうつ。

どんな生き物もにげられない

行軍に出くわした生き物は、大きさに関係なくつかまってしまう。毒をもつサソリもグンタイアリにはかなわない。

死の行軍！

道がなくても関係ない

あながあっても、アリたちはおたがいの体をつかんで橋をつくり、わたってしまう。

分布 南米
生息環境 森林
巣 体をつなぎあって巣をつくる
家族 100万匹以上のむれ

まめちしき あまり動かないナナフシのなかまや、アリと同じにおいを出すハネカクシなど、行軍に出くわしても、アリに気づかれずおそわれない昆虫もいる。

こわい
Exploding Ant
ジバクアリ
ハチ目アリ科 | Camponotus cylindricus

こわい度 ★★★

分布 マレーシア、ブルネイ
生息環境 森林
英名 ばくはつするアリ
ばくはつ部分 腹部

てきにおそわれると体の一部をばくはつさせて、毒液をまき散らす。自分は死んでしまうが、そのにおいでなかまにキケンを知らせるのだ。

まめちしき ばくはつしてまき散らす毒液は、ネバネバしていて、受けた相手も死んでしまう。季節が変わるにつれて、毒液の色は白色から黄色へと変化する。

Bullet Ant

サシハリアリ

ハチ目アリ科 | *Paraponera clavata*

こわい度★★★

分布 中米～南米
生息環境 森林
英名の意味 銃弾アリ
別名 パラポネラ

強い毒をもち、おしりにある毒針でさされると、ピストルでうたれたようにいたいという。そして、そのいたみは24時間も続くといわれている。

まめちしき ブラジルには、大人になるための儀式にこのアリを使う民族がいる。アリが何百匹も入ったグローブに手を入れ10分間いたみにたえ、それを20回くり返すのだ。

こわい

Velvet Ant

アリバチのなかま

ハチ目アリバチ科 | Mutillidae

こわい度★★★★

牛もかなわない!?

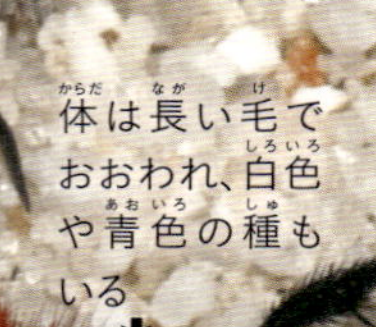

体は長い毛でおおわれ、白色や青色の種もいる

毒針の毒はそれほど強くはない

きれいなアリのように見えるが、ハチのなかま。毒針をもち、さされるととてもいたいことから、牛殺しとよばれる種もいる。

分布	北米～南米、アジア、日本など
生息環境	かわいたすな地
種数	4000種以上(日本には17種)
食べ物	植物のみつ

まめちしき　メスは地上を歩き回り、昆虫の巣を見つけると、幼虫や蛹に卵を産みつける。大型の種では、飛べないメスをオスが運ぶこともある。

こわい

テントウハラボソコマユバチ

ハチ目コマユバチ科 | *Dinocampus coccinellae*

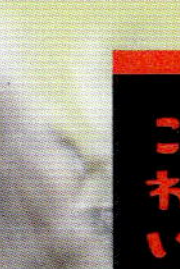

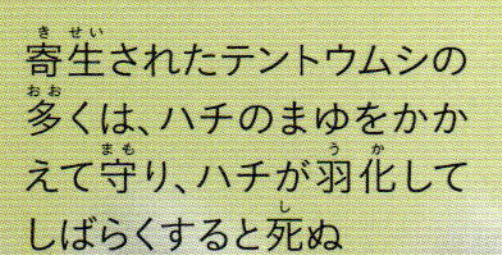

寄生されたテントウムシの多くは、ハチのまゆをかかえて守り、ハチが羽化してしばらくすると死ぬ

死ぬまで利用する！

こわい度★★★★

わき腹に針をさして、産卵している

テントウムシの体に卵を産みつける寄生バチ。卵からかえった幼虫はテントウムシの体内で体液をすって育ち、やがて外に出てまゆをつくる。

分布 ヨーロッパ、アメリカ、日本など
生息環境 草地など
英名の由来 テントウムシの寄生虫
産卵数 1匹のテントウムシにひとつ

まめちしき 寄生バチとは、昆虫の卵や体に卵を産みつける小型のハチのこと。チャタテムシの卵に産卵する寄生バチはわずか0.139㎜で、世界でいちばん小さい昆虫だ。

さわるなキケン！

毒をもつ昆虫

イラガの幼虫
トゲにさわるともうれつにいたみ、赤くはれる。さまざまな木で見られ、鳥の卵のようなまゆをつくる。

セアカゴケグモ
体長0.7～1cm。さわろうとするとかまれることがある。強い毒をもつので、かまれると筋肉がまひすることもある。

オオムカデのなかま
かまれると針でさされたようにいたみ、赤くはれる。きばに毒があり、ショックをおこすこともある。

キケンな虫は身近なところにもひそんでいる。ここでしょうかいする虫たちは、見つけても絶対にさわらないようにしよう。

ヒラズゲンセイ

赤いクワガタともよばれる、ツチハンミョウ科の甲虫。体液に毒があり、さわると水ぶくれやかぶれをおこす。西日本に多い。

オオスズメバチ

日本に生息する昆虫のなかで最も危険。黒っぽいものをおそいやすく、刺されるとショックで死んでしまうこともある。

こわい

Emerald Cockroach Wasp

エメラルドゴキブリバチ

ハチ目セナガアナバチ科 ｜ *Ampulex compressa*

こわい度★★★★★

動けなくなったワモンゴキブリ

ゴキブリを毒であやつり、生きたまま幼虫に食べさせてしまう。とてもおそろしいハチだ。

毒針でまひさせる

ゴキブリを見つけると、すばやくかみつき、にげられないようにしてから、頭などに毒針を打ちこむ。

こんな大きさ

まめちしき

ゴキブリが動けなくなったら、触角を半分にかみ切る。切り口から体液をすうためとか、毒の量を調整するためなどといわれているが理由はよくわかっていない。

ゾンビポイズン注入!?

ゾンビをあやつる

重いゴキブリを引きずって運ぶのはたいへんだ。しかし毒でまひしたゴキブリは、触角を引っぱると、ゾンビのようによろよろと歩いてついてくる。

生きたまま食べる

ゴキブリの体の表面に卵を産みつける。生まれた幼虫は、ゴキブリの腹を食いやぶって体内に入り、内臓などを食べて蛹になり羽化する。

分布	南アジア、アフリカ、太平洋諸島の熱帯地域
生息環境	平地の森林など
メスの寿命	2～6か月
幼虫のとくぎ	ゴキブリのばいきんを殺す成分を出す

まめちしき にげる本能が毒でまひしたゴキブリは、エメラルドゴキブリバチが飛び去ったあとも、幼虫に食べられてしまうまで巣あなからにげようとしない。

Thread-waisted Wasp

ジガバチのなかま

ハチ目アナバチ科 | Ammophila

こわい度★★★

ジガバチのメスは、毒でまひしたいもむしの体に卵を産みつけ、生きたまま地中にうめてしまう。

自由に曲がる細いおなかを折って、えものの体に針をさす

まめちしき 和名の似我とは「私に似なさい」という意味。「ジガジガ」という羽音をさせながらえものをうめた場所から、同じハチが出てくることからこう言っていると思われ、この名がついた。

生きたまま食べる

巣あなには2～3匹のえものが運びこまれる。えものはまひして動けないが、生きているのでくさることはない。ふ化した幼虫は生きたえものを食べて育つ。

生きたままうめる!

分布 アジア、ヨーロッパ、日本など
生息環境 平地の森林や草地
英名の意味 糸のようなおなかのハチ
成虫の食べ物 花のみつ

まめちしき ほかのジガバチがうめたえものをほりおこし、先に産みつけられていた卵をすてて、自分の卵を産みつけてうめ直すずるいジガバチもいるという。

こわい

Paper Wasp

アシナガバチのなかま

ハチ目スズメバチ科 | Polistinae

こわい度★★

こんな大きさ

体をちぎって丸めて！

とらえたえものを
強力な大あごで
かみくだき、
あしと口を使って丸め、
肉だんごにする。
それを巣に持ち帰り、
幼虫にあたえるのだ。

分布	北米～南米、ヨーロッパ、日本など
生息環境	平地～山地
種数	1000種以上(日本には11種)
幼虫の食べ物	チョウやガの幼虫など

まめちしき
木のかわをはがし、それをつばで固めたものを材料にして巣をつくる。
アシナガバチの巣はスズメバチの巣よりも軽くてかたく、じょうぶだといわれている。

こわい

Tarantula Hawk

オオベッコウバチの一種

ハチ目ベッコウバチ科 | *Pepsis* sp.

オオベッコウバチのメスは、自分より大きなタランチュラをおそい、あなに入れて卵を産みつける。

あなにひそむタランチュラを引きずり出して、毒針でさす

こわい度★★★★★

最強のクモが負ける!?

分布 北米南部〜南米
生息環境 森林、さばく
英名の意味 タランチュラをかるタカ
大きさ 世界最大のハチ

こんな大きさ

まめちしき タランチュラ(オオツチグモ)の体表でふ化したハチの幼虫は、生きたままのクモの体を食べて育つ。成虫の食べ物は花のみつ。

こわい

Desert Locust

サバクトビバッタ

バッタ目バッタ科 | *Schistocerca gregaria*

数十年に一度大発生して、
数百億匹ものむれをつくる。
むれは植物を食べつくしながら移動し、
そのあとにはほとんど何も残らないという。

こわい度 ★★★★★

あとには

こんな大きさ

まめちしき　サバクトビバッタが大発生すると、あらゆる農作物がほとんど食べられてしまう。アフリカでは、人間の食べるものがなくなってしまうこともある。

↑移動するタイプ

↑移動しないタイプ

大移動するのは はでなやつだけ

草が少ない場所や、なかまの数が多いところでは、体の色がはでな幼虫が生まれる。はでなものは気があらく、成虫になるとむれで大移動する。

何も残らない・・・・

↑ものすごい数のバッタが飛びかい、人々がにげ回っている

分布 アフリカ～アジア
生息環境 かんそう地
飛行距離 100～200km（1日）
食べ物 あらゆる植物

まめちしき 日本でも、トノサマバッタのむれによる被害の記録がある。トノサマバッタもせまい場所でかうと、茶色で目立つ色の幼虫が生まれることがある。

こわい

Moth Butterfly

アリノスシジミの幼虫

チョウ目シジミチョウ科 | *Liphyra brassolis*

こわい度 ★★★★

どうもうなツムギアリ(128ページ)の巣をおそうチョウの幼虫がいる。アリノスシジミの幼虫は、むりやり巣に入り、アリの幼虫を食べてくらすのだ。

このまま蛹になり、中からチョウがあらわれる

こんな大きさ

分布 東南アジア〜オーストラリア
生息環境 熱帯雨林
成虫 世界最大のシジミチョウ
産卵場所 ツムギアリの巣のそば

まめちしき クロシジミの幼虫(138ページ)など、アリの巣にすむ昆虫は、約数千種いるといわれている。その多くは、甘いみつを出すなど、アリの役に立つ特徴をもっている。

かたいかわに守られている

幼虫のかわはよろいのようにかたく、ツルツルしていて、アリはこうげきできない。幼虫は巣の中で、かたいかわのまま蛹になる。

キケンなお客さん！

ムシャムシャ食べる

右の写真は幼虫をうら側から見たところ。腹側にある口で、アリの幼虫を食べてしまう。

まめちしき アリノスシジミが蛹から羽化すると、アリはいっせいにこうげきする。しかし、チョウの体ははがれやすい鱗粉におおわれていて、アリはすべってうまくかめない。

Planthopper Parasite Moth

セミヤドリガの幼虫

チョウ目セミヤドリガ科 | *Epipomponia nawai*

こわい度★★

セミは死なずにふつうにくらす

セミヤドリガの幼虫

セミの体にくっつき、
一生分の栄養をすいとる。
幼虫はじゅうぶん
成長するとセミからはなれ、
草や小えだについて、
まゆをつくる。

分布 朝鮮半島、台湾、日本（本州～九州）
生息環境 平地～低山
食べ物 成虫は何も食べない
寄生するセミ ヒグラシが多い

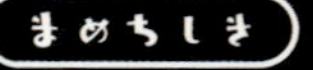

セミヤドリガはほとんどがメスで、羽化後、交尾をせずに産卵する。
卵は木のみきに産みつけられ、翌年の夏にセミが羽化するのに合わせてふ化する。

Martin Louse Fly

イワツバメシラミバエ

ハエ目シラミバエ科 | *Crataerina hirundinis*

こわい度★★

イワツバメの羽毛のあいだにすみ、
ひふから血をすって生きている。
体は平たく、あしの先の
かぎづめでつかまるので、
高速で飛ぶイワツバメにも
ふり落とされない。

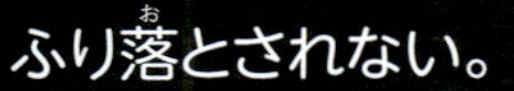

はねは細く、飛べない

イワツバメの目

分布 中国、台湾、インド、ヨーロッパ、日本
生息環境 イワツバメの体
英名の意味 イワツバメに寄生するハエ
子どもの数 1匹だけ

まめちしき 幼虫は親の体内で成長し、大きくなったすがたで生まれ、すぐに蛹になる。羽化してもはねが退化していて飛べない。

こわい

Blow Fly

ベンガルバエの一種

ハエ目クロバエ科 | *Bengalia* sp.

巣をもたずにくらしているアリが、幼虫を別の場所に運んでいる。そこをねらって、アリの幼虫をうばい去るハエがいる。

こわい度 ★★★

こっそりしのびよる！

視力の弱いアリは、まだハエに気づいていない

分布	アジア、日本（八重山諸島）
生息環境	森林
種数	約40種
食べ物	アリの幼虫と蛹、シロアリ

こんな大きさ

まめちしき 調査や研究のためにアリやシロアリの巣をほりおこしていると、ベンガルバエが集まってきて、幼虫などをおそうことがあるという。においにとてもびん感なようだ。